职业教育**工业机器人技术**系列教材

工业机器人
编程与调试

魏 荣 梁兴建 主 编

刘茹敏 周欣悦 李洁静 吴 倩 副主编

鲍清岩 主 审

U0258820

 化学工业出版社

·北京·

内容简介

本书以任务驱动教学法为主线，以应用为目的，以具体的项目为载体编写。主要内容包括认识工业机器人、配置示教器操作环境、工业机器人示教器的基本操作、编写机器人抓取工具的程序、编写机器人运行简单轨迹的程序、编写机器人运行复合轨迹的程序、创建工业机器人参考坐标系、创建工业机器人工具坐标系、编写及调试机器人简单码垛程序、编写及调试机器人简单拆垛程序、编写及调试机器人综合应用程序。

本书可以作为职业院校、技工院校、技师学院工业机器人相关专业教材，也可以作为机器人编程操作的培训教材。

图书在版编目（CIP）数据

工业机器人编程与调试 / 魏荣，梁兴建主编. —北京：
化学工业出版社，2022.9 （2024.11 重印）
职业教育工业机器人技术系列教材
ISBN 978-7-122-42068-8

Ⅰ.①工… Ⅱ.①魏… ②梁… Ⅲ.①工业机器人-程序设计-职业教育-教材 ②工业机器人-调试方法-职业教育-教材 Ⅳ.①TP242.2

中国版本图书馆 CIP 数据核字（2022）第 157382 号

责任编辑：潘新文　　　　　　　　　　装帧设计：刘丽华
责任校对：李　爽

出版发行：化学工业出版社（北京市东城区青年湖南街 13 号　邮政编码 100011）
印　　装：北京科印技术咨询服务有限公司数码印刷分部
787mm×1092mm　1/16　印张 11　字数 255 千字　2024 年 11 月北京第 1 版第 2 次印刷

购书咨询：010-64518888　　　　　　　售后服务：010-64518899
网　　址：http://www.cip.com.cn

定　　价：39.00 元

　　目前我国工业机器人行业进入黄金发展期，工业机器人已广泛应用于各个生产制造领域，包括汽车行业、机械制造行业、电子电气行业等，弧焊机器人、分拣机器人、装配机器人、码垛机器人等各类工业机器人已被大量采用，随着工业机器人应用范围的不断拓宽，工业机器人操作与编程人才的培养成为当务之急。

　　本书贯彻职业教育以就业为导向的教学方针，适应"工学结合，任务驱动"教学模式的教学要求，按照课程对接岗位，教材对接技能的要求，在与企业深度合作，探讨论证实际生产过程需求的基础上，整合相应知识和技能，实施理实一体化教学，采用项目化模式编写。全书本着"典型项目学中做、实战项目做中学"的人才培养原则，以校企合作为基础，重视学生实践能力的培养，培养学生吃苦耐劳、严谨细致、精益求精的职业精神。

　　全书以任务驱动为主线，共分为四个项目，包括工业机器人的认知及基本操作、使用工业机器人运动指令编程、创建工业机器人坐标系、编写及调试工业机器人控制程序。每个项目下分为不同的任务，包括认识工业机器人、配置示教器操作环境、工业机器人示教器的基本操作、编写机器人抓取工具的程序、编写机器人运行简单轨迹的程序、编写机器人运行复合轨迹的程序、创建工业机器人参考坐标系、创建工业机器人工具坐标系、编写及调试机器人简单码垛程序、编写及调试机器人简单拆垛程序、编写及调试机器人综合应用程序。

　　本书由魏荣、梁兴建主编，刘茹敏、周欣悦、李洁静、吴倩任副主编，葛晓华、孔峰、刘少轩参加编写。本书在编写过程中得到了KEBA科控、深圳华兴鼎盛科技有限公司、佛山隆深机器人有限公司、山东栋梁科技有限公司的大力支持，在此表示诚挚谢意。

　　本书可以作为职业院校、技工院校、技师学院工业机器人相关专业教材，也可以作为机器人编程操作的培训教材。

　　由于编者水平有限，书中错漏和不妥之处在所难免，恳请广大读者批评指正。

编　者

2022.6

项目二　使用工业机器人运动指令编程　33

项目一 工业机器人的认知及基本操作

任务一　认识工业机器人

学习目标

① 培养爱岗敬业精神。
② 了解工业机器人的定义和分类。
③ 了解工业机器人的自由度。
④ 掌握工业机器人的系统组成。
⑤ 掌握工业机器人的外围设备。
⑥ 掌握工业机器人的插补运动。

任务描述

[教学设计]

学校根据实际情况，组织学生到实训场地（或车间）参观学习，听取工程技术人员或实训指导教师对工业机器人的介绍，了解工业机器人的定义、分类、工作原理、功能等，初步认识工业机器人。

[教学重点]

工业机器人的应用，工业机器人组成、分类及工作原理。

[教学难点]

工业机器人的自由度、坐标系及运动方式。

[设备与工具]

预习资料、教材、笔、记录本、工装。

任务实施

一、了解工业机器人的定义和分类

（一）工业机器人的定义

工业机器人是一种自动控制的、可重复编程的多用途操作机，它具有多个轴，可通过编程对这些轴的运动进行控制；工业机器人包括固定式和移动式两种。目前工业机器人广泛应用于汽车制造、机械加工、物流运输、防爆安全等工业领域，种类较多，例如焊接机器人、喷涂机器人、装配机器人、点胶机器人、激光加工机器人等。

（二）工业机器人的分类

根据工业机器人关节的连接方式不同，工业机器人可以分为串联工业机器人和并联工业机器人。

1.串联工业机器人

串联工业机器人由一系列连杆通过转动关节或移动关节串联而成，如图 1.1.1 所示，每一个关节都由一个驱动器驱动，通过连杆的运动使机器人末端执行器到达一定的位置。

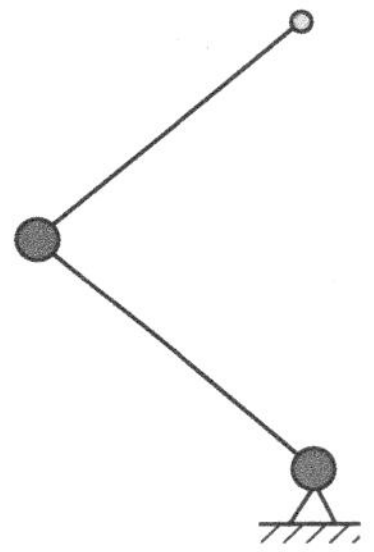

图 1.1.1　串联工业机器人结构原理图

下面介绍几种常用的串联工业机器人。

（1）关节机器人。关节机器人如图 1.1.2 所示，它具有六个旋转关节，可模拟人的手臂、手腕的动作。关节机器人由 2 个肩关节和 1 个肘关节进行定位，由 3 个腕关节完成姿态定向，其第一个肩关节绕铅直轴转动，第二个肩关节绕水平轴转动，肘关节的轴线与第二个肩关节轴线平行。关节机器人大量用于焊接、喷涂等作业。

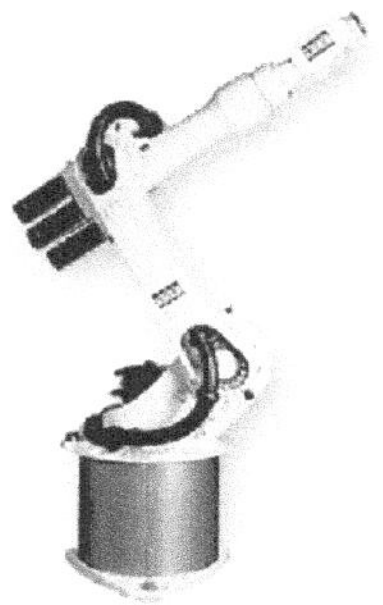

图 1.1.2　关节机器人

（2）平面关节型机器人。图 1.1.3 所示为平面关节型机器人，其结构特点是具有三个轴线相互平行的旋转关节和一个移动关节。平面关节型机器人结构轻便，响应速度比一般关节机器人快数倍。平面关节型机器人大量用于印刷电路板和电子零部件装配作业。

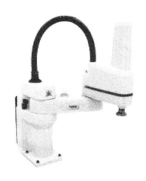

图 1.1.3　平面关节型机器人

（3）直角坐标机器人。直角坐标机器人（图 1.1.4）具有 X、Y、Z 三个轴，其末端执行器能够沿着 X、Y、Z 轴移动。直角坐标机器人多用于简单搬运任务，例如分拣和放置物品。

图 1.1.4　直角坐标机器人

（4）圆柱坐标机器人。圆柱坐标机器人（图 1.1.5）有两个移动关节和一个转动关节，其结构简单，作业范围具有一定的局限性。

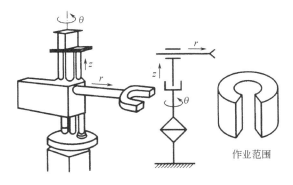

图 1.1.5　圆柱坐标机器人

（5）球坐标机器人。球坐标机器人（图 1.1.6）有一个移动关节和两个转动关节，作业范围呈空心球状，结构紧凑，动作灵活，能抓取较低位置的工件；其定位精度一般。

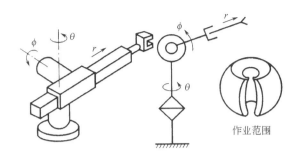

图 1.1.6　球坐标机器人

2.并联工业机器人

并联工业机器人（图 1.1.7）具有运动平台，运动平台和固定基座间通过至少两个独立的运动支链并联连接，是一种以并联方式驱动的闭环机器人。

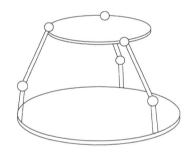

图 1.1.7　并联工业机器人结构原理图

图 1.1.8 所示为并联工业机器人中常见的 Delta 机器人，它有 3 个旋转运动关节安装在基座上，运动平台通过并联机构与基座连接。

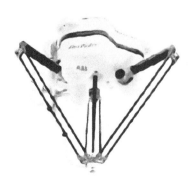

图 1.1.8　Delta 机器人

二、认识工业机器人系统组成

工业机器人系统主要由工业机器人本体、控制器、示教器及各部分的连接线组成，如图 1.1.9 所示。

图 1.1.9 工业机器人系统组成

①—工业机器人本体；②—控制器；③—示教器

图 1.1.10 所示为 6 关节工业机器人的本体结构，其中 J1、J2、J3 关节主要改变操作手的位置，J4、J5、J6 关节主要改变操作手的方向姿态。图 1.1.11 所示为工业机器人操作手的腕关节结构。

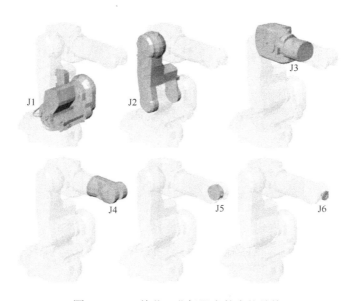

图 1.1.10 6 关节工业机器人的本体结构

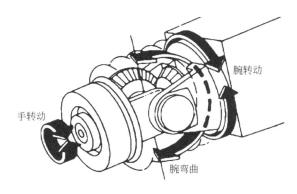

图 1.1.11　工业机器人操作手腕关节结构

图 1.1.12 所示为 KEBA 公司的工业机器人控制器 KeMotion。图中 SCP 是一种用于本地机器和远端机器之间的通信协议，控制器可通过 SCP 协议与上位（主）机通信，SCADA 为数据采集与监视控制系统，MES 为制造企业生产过程执行系统，是一套面向制造企业车间执行层的生产信息化管理系统。

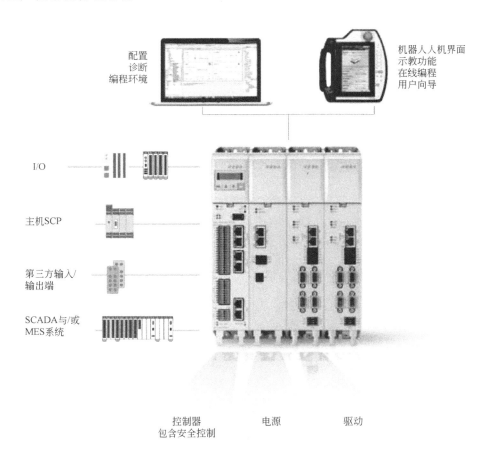

图 1.1.12　KEBA 公司工业机器人控制器 KeMotion

三、认识工业机器人的外围设备

1.行走轴

工业机器人行走轴也叫第七轴，见图1.1.13。工业机器人可沿行走轴在指定的路线上移动，扩大作业范围。

图 1.1.13　工业机器人行走轴

2.变位机

变位机（图1.1.14）的主要功能是将工件翻转、倾斜，以得到理想的加工位置。工业机器人与变位机配套使用，可以实现特殊角度焊缝的焊接。

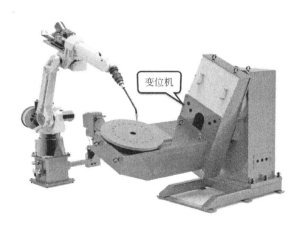

图 1.1.14　变位机

3.抓取工具

抓取工具用于抓取工件，包括以下几种。

1）夹爪式工具

夹爪式工具如图 1.1.15 所示。根据其抓取的特点，分为平动式夹爪、摆动式夹爪、弹力夹爪等。

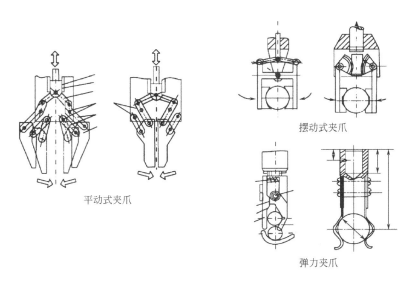

图 1.1.15　夹爪式工具

2）吸附式工具

（1）气吸附式工具。气吸附式工具是利用吸盘内的真空度吸取工件的，可分为真空吸附、气流负压气吸、挤压排气负压等几种。见图 1.1.16。

（2）磁吸附式工具。磁吸附式工具是利用电磁铁通电后产生的电磁吸力吸取工件，因此只能对铁磁物体起作用。见图 1.1.17。

图 1.1.16　气吸附式工具　　　　图 1.1.17　磁吸附式工具

3）专用工具

专用工具主要应用于一些特殊操作场合，见图 1.1.18。这里不做具体介绍。

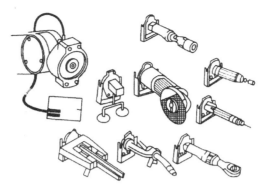

图 1.1.18 专用工具

4）快换工具

快换工具能使工业机器人在生产中方便快捷地交换使用不同的末端执行器，提高了机器人的柔性生产能力和生产效率。见图 1.1.19。

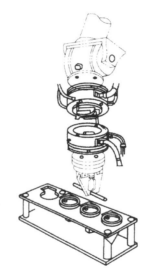

图 1.1.19 快换工具

四、认识工业机器人的自由度

空间中一个自由物体有 6 个自由度：3 个对应 X、Y、Z 方向的移动，3 个对应 X、Y、Z 方向的旋转，如图 1.1.20 所示。

工业机器人自由度是一个工业机器人中能够独立驱动的关节的数目，不包括手爪（末端操作器）的开合自由度。由于关节是由相对回转或移动的轴来组成的，所以工业机器人的自由度数习惯上也叫轴数，例如 6 自由度工业机器

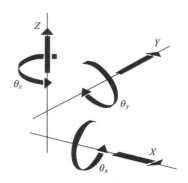

图 1.1.20 空间物体的自由度

人经常被称为 6 轴工业机器人。图 1.1.21 所示为 6 轴工业机器人。

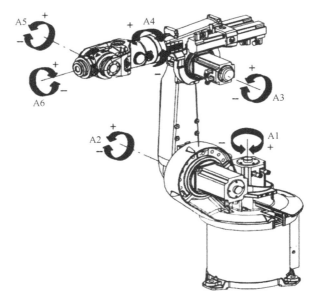

图 1.1.21　6 轴工业机器人

五、了解工业机器人的坐标系

工业机器人中的所有坐标系都是基于世界坐标系来进行描述和表达的，世界坐标系是工业机器人的根坐标系。工业机器人的坐标系包括以下几种。

（1）机器人基坐标系。机器人基坐标系用于描述机器人本体在空间中的位置和姿态，基坐标系原点位于机器人基座底部的中心点，见图 1.1.22。在只有一个机器人工作的场合，机器人基坐标系通常和世界坐标系重合。当几个机器人协同工作时，世界坐标系通常独立于各个机器人的基坐标系之外。

（2）工具坐标系。工具坐标系用于描述机器人末端所安装的工具在空间中的位置和姿态，如图 1.1.22 所示，工具坐标系的原点称为工具中心点，即 TCP（Tool Center Point）。TCP 的运动路径由机器人程序控制。机器人在工作中换接不同的工具时，需要在机器人程序中使用不同的工具坐标系。

（3）工件坐标系。工件坐标系通常设定在工件的边缘或顶点上，工业机器人程序中所设定的路径位置均以工件坐标系为参照，当工件坐标系的位置改变时，程序中的路径位置也随之一起改变，如图 1.1.22 所示。

工业机器人坐标系可通过 X、Y、Z、A、B、C 六个坐标值进行标定，其中 X、Y、Z 定义坐标系在空间中的位置，A、B、C 定义坐标系在空间中的姿态方向。为了便于进行位置、姿态的坐标求解和控制，可通过坐标系平移和旋转，对坐标系进行变换，如图 1.1.23 所示。

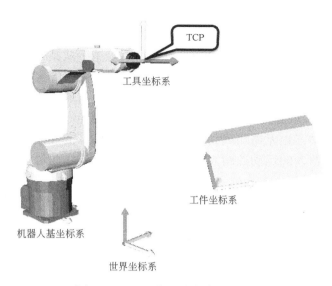

图 1.1.22 工业机器人的参考坐标系

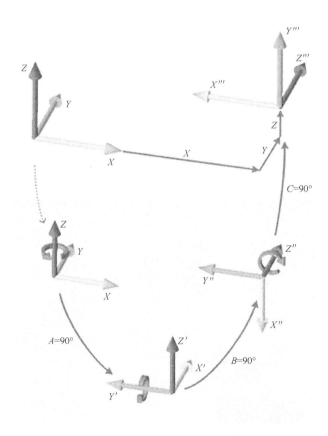

图 1.1.23 工业机器人坐标系变换

六、认识工业机器人的插补运动

工业机器人可以使机械手以最快的速度到达目标点，而对运动轨迹不做任何规划，这种运动称为 PTP（Point To Point，点到点）运动。如果机械手从某个起始位置移动到指定目标位置时需要进行路径规划，则需要对所经过的路径的每个点的坐标值进行插补计算；如果插补时各关节驱动控制器完全独立控制每个关节按给定的速度和加速度移动到指定位置，而不考虑其他关节的移动路径的插补，这种插补方式称为异步插补，异步插补可以减少机器人的振动，关节驱动器也无需加载到其极限速度，但异步插补往往会出现突兀和不协调的运动，因此工业机器人的运动控制方式一般采用所有关节协同运动的方式，这种运动方式称为同步插补。

图 1.1.24 展示了同步插补和异步插补，图中所示是带有一个线性关节和一个旋转关节的工业机器人的插补轨迹，其中线性关节是基座直线，旋转关节是在基座直线上的点。两种插补方式相比较，同步插补会生成更均匀协调的路径。

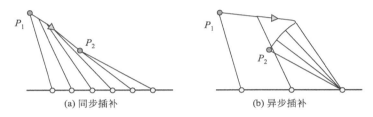

(a) 同步插补　　　　　　　　　(b) 异步插补

图 1.1.24　同步插补和异步插补

工业机器人要在空间中被定义的路径上运动，控制器就需要在空间坐标中插补路径，根据所期望到达的 TCP 位置坐标和姿态来计算出机器人关节的位置，这种运动规划称为笛卡尔路径插补，笛卡尔路径插补一般分为直线插补和圆弧插补。图 1.1.25 中给出了笛卡尔直线插补示意图。通常情况下，笛卡尔路径插补会导致机器人关节的非匀速运动。

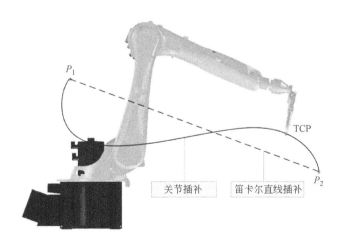

图 1.1.25　工业机器人运动插补

📝 任务考核和评价

任务考核

一、填空题

1. 根据工业机器人关节的连接方式不同，工业机器人可以分为_____和_____。

2. 工业机器人系统由_____、_____、_____以及各部分的连接线组成。

3. 所有不包括在工业机器人系统内的设备被称为外围设备。常用的外围设备有_____、_____、_____、_____等。

4. 工具坐标系的原点就是_____。

二、思考题

1. 什么是工业机器人的自由度？举例说明。

2. 工业机器人的参考坐标系有哪些？

任务评价

见表 1.1.1。

表 1.1.1　任务评价

序号	评价标准	自评 20%	互评 20%	教师评 60%
1	填空题：每空 2 分，共 20 分			
2	思考题 1 评分细则：能准确回答自由度定义，语言表达清晰，酌情给分，最多 15 分；每列举出一种常见机器人的自由度，得 5 分，最多 25 分			
3	思考题 2 评分细则：能准确描述出机器人所有坐标系，语言表达清晰，酌情给分，最多 40 分			

🌱 任务拓展

KEBA 公司的 CP 088/X 系列控制器是专门针对工业机器人的控制而研发的，有 3 个型号：CP 088/A、CP 088/B 和 CP 088/C，其中 CP 088/A 型控制器正面接口如图 1.1.26 所示。

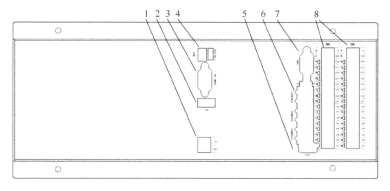

图 1.1.26　CP 088/A 型控制器正面接口

1—电源输入接口；2—USB 接口 2；3—图形界面接口；4—诊断信息显示；
5—USB 接口 1；6—以太网接口；7—CAN 总线接口；8—数字 I/O 模块接口

CP 088/A 型控制器的数字 I/O 模块接口如图 1.1.27 所示。

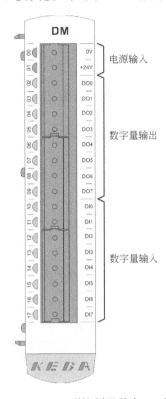

图 1.1.27　CP 088/A 型控制器数字 I/O 模块接口

任务二　配置示教器操作环境

学习目标

① 培养认真严谨的学习态度；
② 学会用管理员身份登录示教器；
③ 学会更改示教器的显示语言为中文；
④ 能熟练操作示教器上的所有功能按键；
⑤ 能熟练操作示教器使能键进行机器人上电和下电；
⑥ 学会重启示教器的 2 种方法。

任务描述

[教学设计]

本任务的教学过程设计是根据工业现场情景中工程师需要完成的实际操作过程来展开：

登录示教器→修改显示语言→操作示教器各功能键；学生在操作中理解各功能键的作用，掌握操作技能。

[教学重点]

本任务的教学重点在于了解各功能键的作用和操作方法，这在以后的编程中非常重要，如果不能熟练操作示教器，会影响后续任务的完成效率。因此在教学过程中要让学生反复练习，特别是使能键的操作。

[教学难点]

示教器上的功能键有 12 个，让学生一下子记住那么多功能键的作用会比较困难。可以在教学过程中讲解每个功能键之后，再示范操作一遍，然后让学生跟做一遍，每操作 3～4 个功能键，给 5 分钟自由练习时间。

[设备与工具]

电脑、KEBA 工业机器人控制器、KEBA 工业机器人示教器、KeMotion3 03.16a 软件。

✱ 任务实施

一、用管理员身份登录示教器

步骤	操作说明	操作图示
1	示教器通电后，会自行启动。启动完成后，出现登录界面。单击 User 下拉框，选择 Administrator	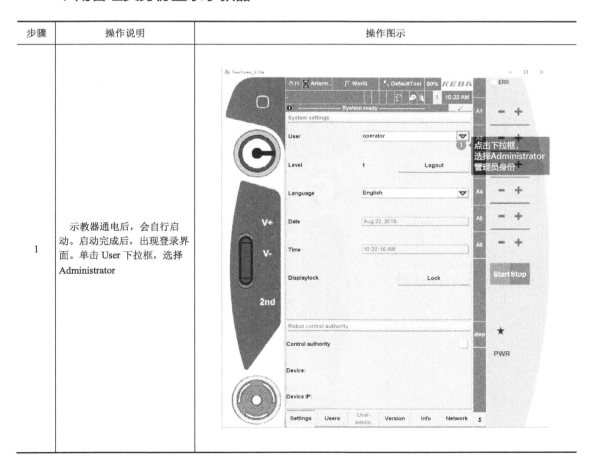

续表

步骤	操作说明	操作图示
2	在弹出的对话框中，输入密码 pass，然后单击"√"即可完成用管理员身份登录示教器	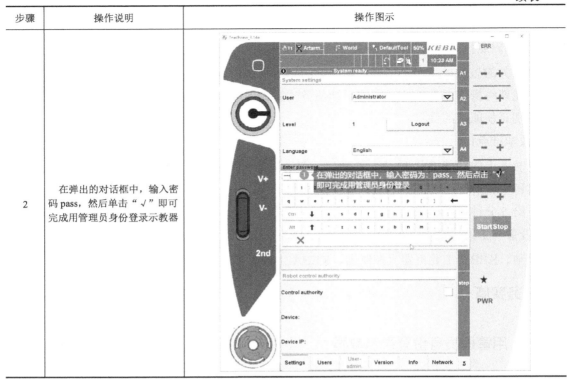

二、更改示教器语言为中文

步骤	操作说明	操作图示
1	用管理员身份登录后，在 Language 下拉框中选择"中文"	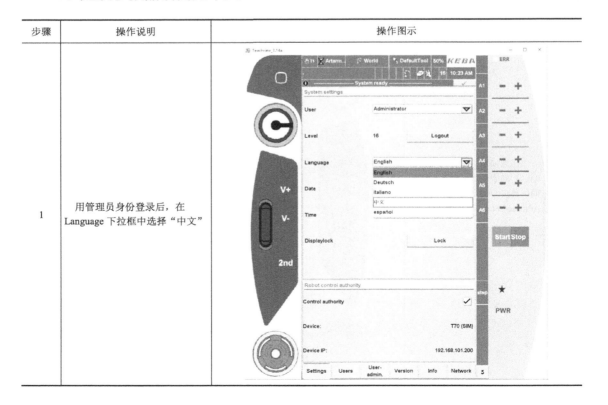

步骤	操作说明	操作图示
2	示教器语言更改为中文之后的界面显示出来	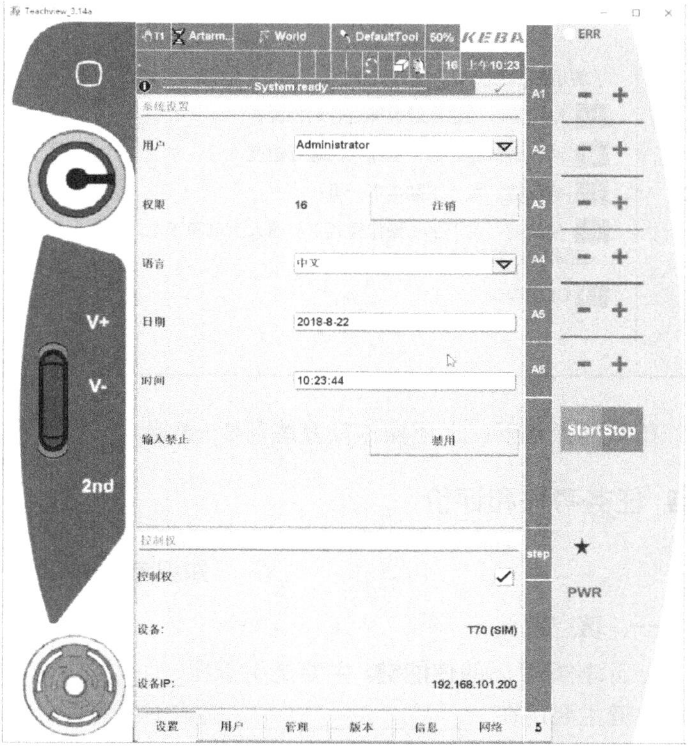

三、了解并操作示教器各功能键

步骤	说明	操作图示
1	了解示教器正面各按键和指示灯： **1** 主菜单键。按下显示系统菜单； **2** 操作模式选择旋钮。插入专用钥匙，从左至右分别进行手动、自动、外部挡操作； **3** 急停键。按下急停键，机器人立即停止运行。注意按下后会自锁，拧转按键才能释放； **4** 指示灯。示教器或机器人运行发生错误时，指示灯显示红色； **5** 位置微调键。手动调节 TCP 的位置和姿态； **6** 启动键。运行机器人程序。短按采用自动模式，长按采用手动模式； **7** 停止键。停止运行机器人程序； **8** 功能切换键。根据触摸屏内不同的选项，进行按键功能切换选择； **9** 自动上电键。用于自动操作模式下机器人的上电和下电	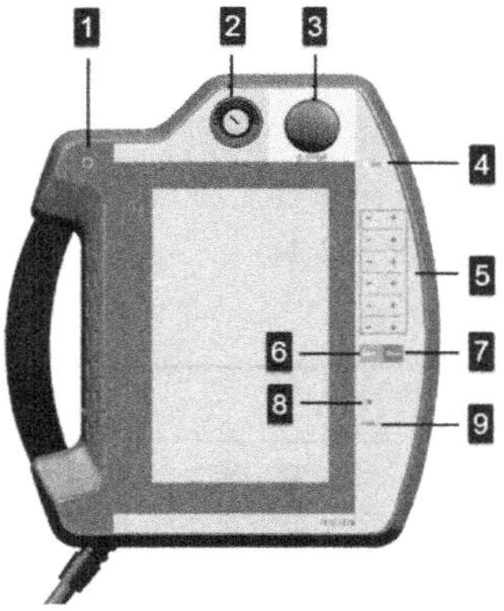

续表

步骤	说明	操作图示
2	了解示教器背面各个按键及接口： **10** 触控笔。用它点触摸屏进行触控操作； **11** 速度调节键。调节机器人的运行速度； **12** 翻页键。按一下翻至下一页； **13** 使能键。用于手动操作模式下机器人上电和下电，按住上电，松开下电，连续运行需长按； **14** USB 接口	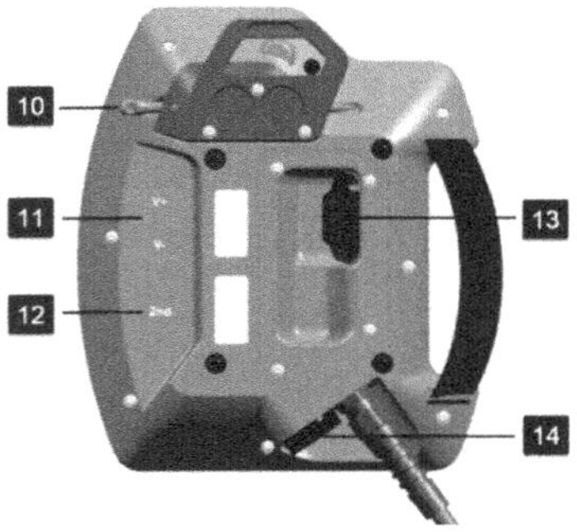

在教师指导下，上述操作反复练习 3～5 遍。

任务考核和评价

知识考核

一、填空题

1. 示教器背面的使能键，主要是用于在_____模式下机器人上电和下电。自动上电键主要用在_____模式下机器人上电和下电。

2. 在示教器状态栏上面显示的图标分别为 🖐T1、⚙A、⚙AE，则从左至右分别表示机器人的手动操作模式、_____操作模式、外部自动操作模式。

3. 示教器主界面的右侧上方点动坐标显示"A1、A2、A3、A4、A5、A6"表示_____坐标系点动。

4. 示教器背面的"V+""V–"按键,用于调节机器人的_____。

二、思考题

1. 工业机器人急停键的作用是什么？列举需要按下急停键的一些情况。

2. 思考为什么机器人厂家要把示教器的使能键要设计成三段式。

知识评价

见表 1.2.1。

表 1.2.1 知识评价

序号	评价标准	自评 20%	互评 20%	教师评 60%
1	填空题，每空 2 分。共 10 分			
2	思考题 1 评分细则： ① 能准确回答急停键的作用，语言表达清晰，酌情给分，最多 25 分； ② 每列举出一种需要按下急停键的情况，得 5 分，最多 25 分			

序号	评价标准	自评 20%	互评 20%	教师评 60%
3	思考题 2 评分细则： ① 能准确描述出使能键的三段式对比两段式的优缺点，能从操作简便程度、安全性等方面对比，酌情给 25～40 分； ② 能简单描述出使能键的三段式的作用，对比两段式的优缺点，酌情给 10～24 分； ③ 能描述出接近实际原因的答案，酌情给 1～9 分			

技能考核

1. 完成重启示教器的操作，并把不同方式的操作步骤写下来。

2. 用示教器把机器人程序运行模式切换为自动连续运行，并把操作步骤写下来。

3. 操作示教器，通过多功能切换键把机器人坐标系设置成参考坐标点动的方法，并把操作步骤写下来。

技能评价

见表 1.2.2。

表 1.2.2　技能评价

序号	评价细则	自评 20%	互评 20%	教师评 60%
1	技能考核题 1 评分细则： ① 能用两种办法进行重启，且操作熟练，简述的步骤完整，酌情给 25～35 分； ② 能用两种办法进行重启，操作不熟练，简述的步骤欠完整，酌情给 15～24 分； ③ 只会有一种办法重启，操作熟练，简述的步骤完整，酌情给 5～14 分； ④ 只会有一种办法重启，操作不熟练，酌情给 1～4 分； ⑤ 不会操作，没写步骤，0 分			
2	技能考核题 2 评分细则： ① 熟练操作运行模型切换开关、启动键和上电键、使能键，操作步骤正确，实现效果，撰写步骤准确完整，酌情给 25～35 分； ② 能操作运行模型切换开关、启动键和上电键、使能键，操作步骤正确，实现效果，操作欠熟练，撰写步骤准确完整，酌情给 15～24 分； ③ 在有提示情况下能操作完成，实现效果，能把步骤撰写清楚，酌情给 1～14 分； ④ 有提示的情况下还不会操作，撰写不出报告，0 分			
3	技能考核题 3 评分细则： ① 熟练操作多功能切换键选择正确的切换坐标系选项，熟悉操作切换为参考坐标系的操作步骤，撰写的步骤完整准确，酌情给 20～30 分； ② 能操作多功能切换键选择正确的切换坐标系选项，操作切换为参考坐标系的步骤正确，撰写的步骤完整，酌情给 10～19 分； ③ 需要提示才能完成任务操作步骤，撰写操作步骤不全，酌情给 1～9 分； ④ 有提示的情况下还不会操作，撰写不出报告，0 分			

🌱 任务拓展

CP 088/A 型控制器的网络架构如图 1.2.1 所示。通常控制系统的组件位于内部网络（机器网络）中，从外部无法访问，控制器提供额外的以太网接口来接入外部网络的控制设备。

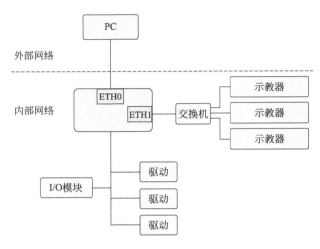

图 1.2.1　CP 088/A 型控制器的网络架构

以太网接口 ETH0 为外部接口，可用于连接 PC，该接口的 IP 地址由用户在 KeStudio 中进行配置。使用该接口与 PC 连接时，PC 以太网接口的 IP 地址需配置为静态地址，并且与 ETH0 接口的 IP 地址在同一网段。以太网接口 ETH1 为内部接口，示教器可直接连接该接口，无需额外配置。

控制器的正面有一个 7 段数码管，用来显示控制器的启动过程和工作模式。在控制器启动过程中，显示的数字大于 0，代表启动的不同进程。控制器启动期间可能会出现错误代码，如 E32 表示出现硬件故障，E51 表示无 CF 存储卡。控制器工作时，可以在表 1.2.3 所示的几个状态之间切换。

表 1.2.3　控制器工作状态

状态	数码显示	意义
INIT	ロ	维护模式。控制器启动时由于严重的系统故障而停止启动。在此模式下只可以执行某些动作，例如"清除 retain 型的变量"。正常情况下，启动过程会跳过这个状态
STOP	‖	在此工作模式下，IEC 应用程序被加载，但是不能循环执行。该状态不能通过编程工具远程退出，而必须通过前面板上的控制键手动退出
RUN	ロ	在此状态下，应用程序可以运行，进程数据的交换取决于配置信息
EXCEPTION	E	控制器处于出错模式（Exception），必须删除应用程序

在 7 段数码管的右侧有一个控制键 CTRL。通过该控制键可以切换不同的工作模式，并

且可以通过该键向控制器下达控制命令。短按控制键可以在显示的几个命令中切换；长按控制键可执行一个命令，进入一个新的控制器工作状态；如果长按控制键超过 10 秒，控制器会重启。在控制键 CTRL 的上方有一个 LED，用于显示各种信息，具体显示状态如下：

不亮：	无电源电压；
绿色闪动：	初始化阶段；
绿色常亮：	正常工作；
红色闪动：	控制器出错，例如，过载，断线等等；
红色常亮：	严重错误，控制器无法工作。

任务三 工业机器人示教器的基本操作

学习目标

① 培养坚持不懈的职业精神；
② 学会连接系统仿真；
③ 能够导入导出程序；
④ 能够设定程序运行速度，切换手动、自动模式运行程序；
⑤ 学会查看和消除报警信息；
⑥ 学会手动操作示教器的关节运动、线性运动并查看机器人模型运动。

任务描述

[教学设计]

本任务的教学过程设计是根据工业现场情景中工程技术人员需要完成的实际操作展开，从连接系统开始，一直到手动操作示教器进行关节运动和线性运动，把知识点和技能训练融入任务实施中，让学生在操作中获得相关技能。

[教学重点]

本任务的教学重点是连接系统仿真、导入程序、切换机器人的操作模式、查看和消除报警消息，这些内容在以后的编程和调试中需要经常用到，在教学过程中要让学生重点掌握。

[教学难点]

手动操作示教器进行关节运动、线性运动，需要学生在操作示教器的同时观察机器人模型的运动，需要学生反复练习。

[设备与工具]

电脑、KEBA 工业机器人控制器、KEBA 工业机器人示教器、KeMotion3 03.16a 软件。

任务实施

一、连接系统仿真

步骤	操作说明	操作图示
1	双击“KeStudio Scope”，打开系统软件	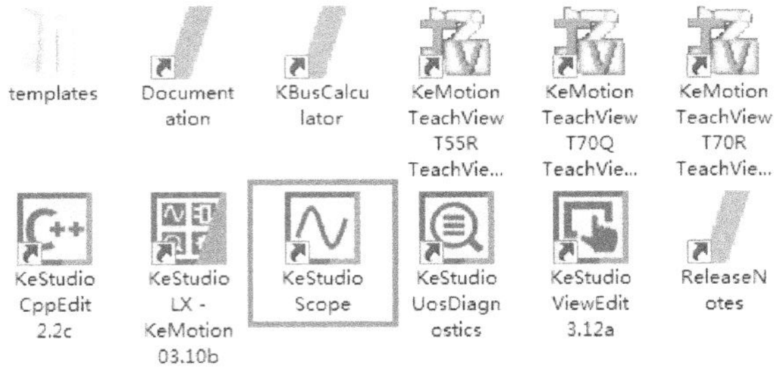templates Document ation KBusCalcu lator KeMotion TeachView T55R TeachVie... KeMotion TeachView T70Q TeachVie... KeMotion TeachView T70R TeachVie... KeStudio CppEdit 2.2c KeStudio LX - KeMotion 03.10b KeStudio Scope KeStudio UosDiagn ostics KeStudio ViewEdit 3.12a ReleaseN otes
2	在“Target”菜单中单击“Connect to Target”，与控制器建立通信连接	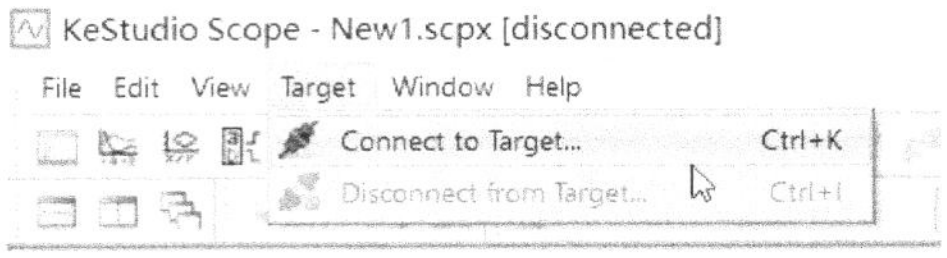KeStudio Scope - New1.scpx [disconnected] File Edit View Target Window Help Connect to Target... Ctrl+K Disconnect from Target... Ctrl+I
3	在“Hostname”一栏输入控制器ETH0口的IP地址：“192.168.101.100”，其他选项默认，单击“OK”按钮，连接控制器	Connect to target Hostname: 192.168.101.100 Port number: 1222 Connection: SWO use available configuration OK Cancel
4	在“View”菜单中单击“New 3D-View”，添加3D模型	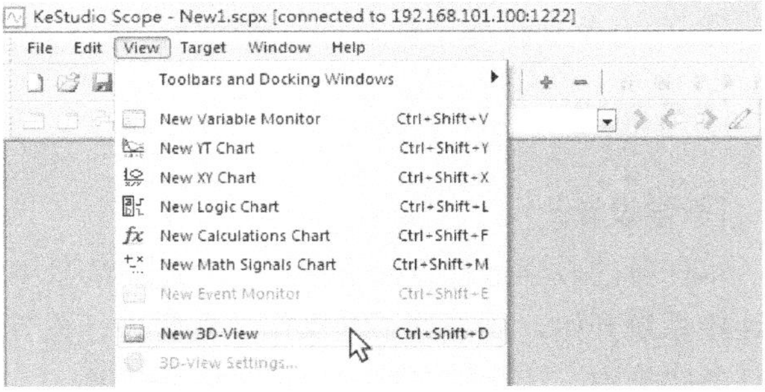KeStudio Scope - New1.scpx [connected to 192.168.101.100:1222] File Edit View Target Window Help Toolbars and Docking Windows New Variable Monitor Ctrl+Shift+V New YT Chart Ctrl+Shift+Y New XY Chart Ctrl+Shift+X New Logic Chart Ctrl+Shift+L New Calculations Chart Ctrl+Shift+F New Math Signals Chart Ctrl+Shift+M New Event Monitor Ctrl+Shift+E New 3D-View Ctrl+Shift+D 3D-View Settings...
5	选择3D模型的存储路径，单击“打开”按钮，打开3D模型	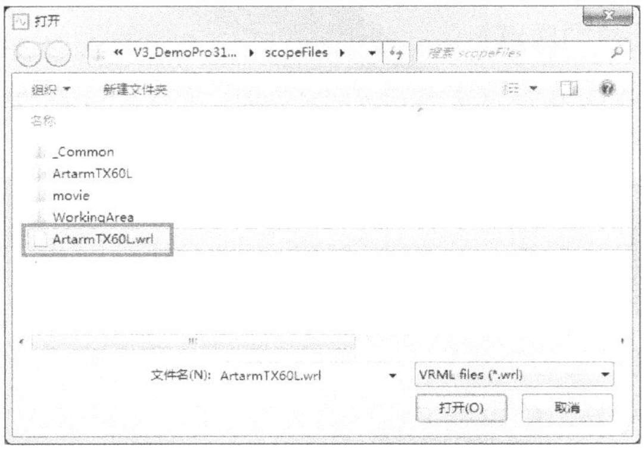打开 V3_DemoPro31... scopeFiles 组织 新建文件夹 _Common ArtarmTX60L movie WorkingArea ArtarmTX60L.wrl 文件名(N): ArtarmTX60L.wrl VRML files (*.wrl) 打开(O) 取消

续表

步骤	操作说明	操作图示
6	在打开的 3D 模型窗口中单击"Start Recording（F5）"，运行仿真程序	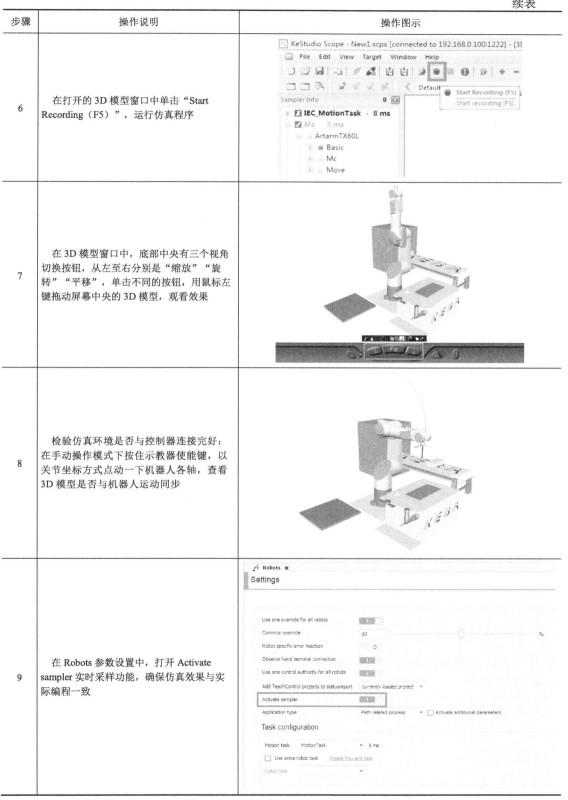
7	在 3D 模型窗口中，底部中央有三个视角切换按钮，从左至右分别是"缩放""旋转""平移"，单击不同的按钮，用鼠标左键拖动屏幕中央的 3D 模型，观看效果	
8	检验仿真环境是否与控制器连接完好：在手动操作模式下按住示教器使能键，以关节坐标方式点动一下机器人各轴，查看 3D 模型是否与机器人运动同步	
9	在 Robots 参数设置中，打开 Activate sampler 实时采样功能，确保仿真效果与实际编程一致	

二、下载工程到控制器

1. I/O 配置

步骤	操作说明	操作图示
1	双击打开计算机中的示例工程文件	 名称 Configuration ArtarmTX60L_KeMotion_CP26x_310b.project
2	在 Devices 窗口的 OnBoard_Modules 目录下双击 Digital_IO_0	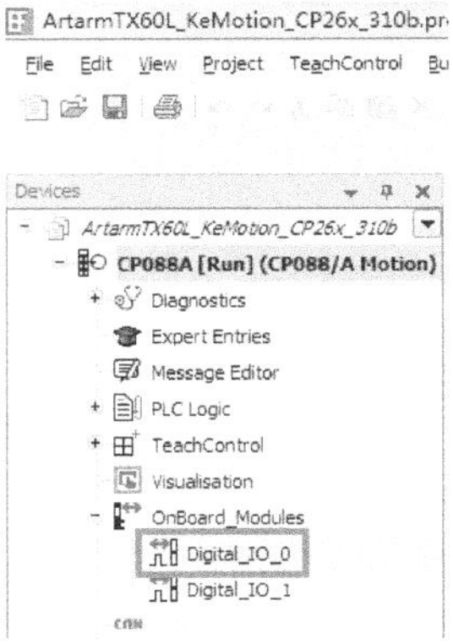 ArtarmTX60L_KeMotion_CP26x_310b.pr· File Edit View Project TeachControl Bu Devices ArtarmTX60L_KeMotion_CP26x_310b CP088A [Run] (CP088/A Motion) + Diagnostics Expert Entries Message Editor + PLC Logic + TeachControl Visualisation OnBoard_Modules Digital_IO_0 Digital_IO_1
3	在右侧打开的 Digital_IO_0 窗口中选择 I/O Mapping 选项卡，在 Digital input 0 中输入"di_EStop"，在 Digital input 1 中输入"di_Enable"	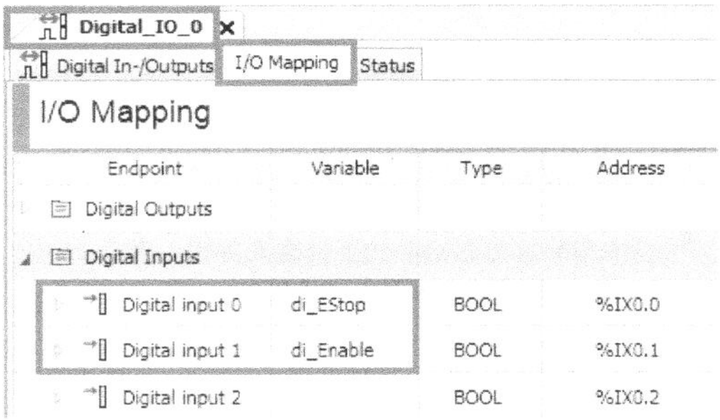 Digital_IO_0 × Digital In-/Outputs I/O Mapping Status I/O Mapping Endpoint / Variable / Type / Address Digital Outputs Digital Inputs Digital input 0 di_EStop BOOL %IX0.0 Digital input 1 di_Enable BOOL %IX0.1 Digital input 2 BOOL %IX0.2
4	在 Devices 窗口中找到程序 PRGGetSafetySignals（PGR）并双击打开	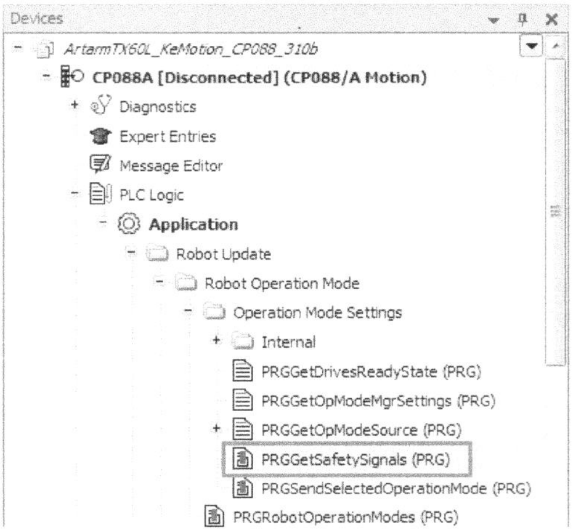 Devices ArtarmTX60L_KeMotion_CP088_310b CP088A [Disconnected] (CP088/A Motion) + Diagnostics Expert Entries Message Editor PLC Logic Application Robot Update Robot Operation Mode Operation Mode Settings + Internal PRGGetDrivesReadyState (PRG) PRGGetOpModeMgrSettings (PRG) + PRGGetOpModeSource (PRG) PRGGetSafetySignals (PRG) PRGSendSelectedOperationMode (PRG) PRGRobotOperationModes (PRG)

续表

步骤	操作说明	操作图示
5	在 PRGGetSafetySignals 窗口中将变量 "mbEStopReleased" 改为 "di_EStop"，将变量 "mbEnable SwitchPressed" 改为 "di_Enable"	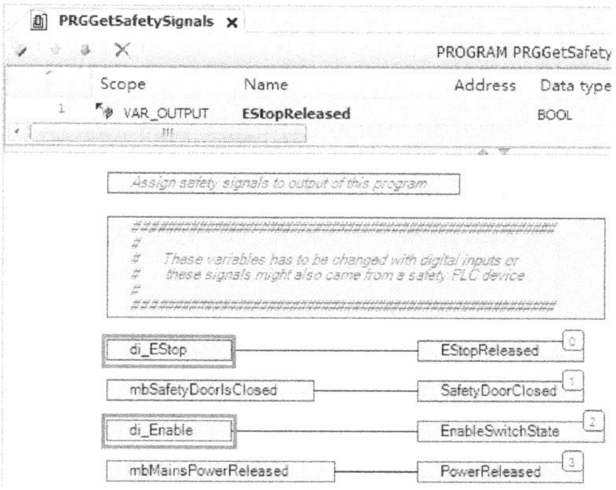 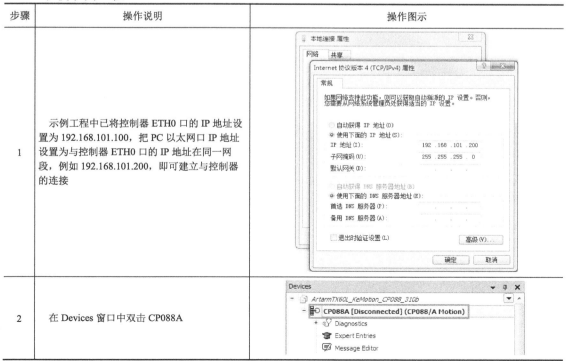
6	单击主菜单栏中的 "Build"，在子菜单中选择 "Build"，进行编译； 单击主菜单栏中的 "File"，在子菜单中选择 "Save Project" 保存工程文件	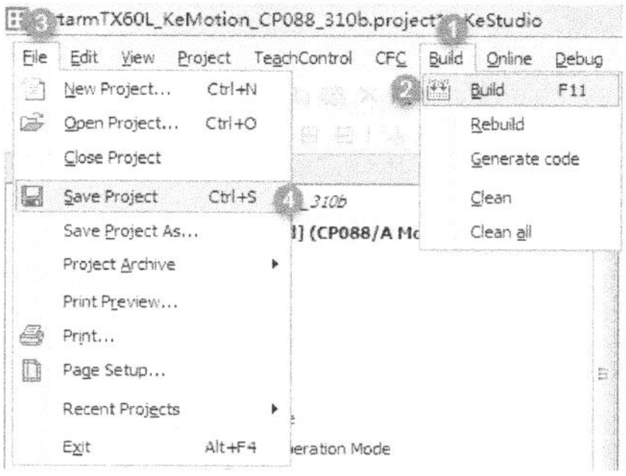

2.下载示例工程

步骤	操作说明	操作图示
1	示例工程中已将控制器 ETH0 口的 IP 地址设置为 192.168.101.100，把 PC 以太网口 IP 地址设置为与控制器 ETH0 口的 IP 地址在同一网段，例如 192.168.101.200，即可建立与控制器的连接	
2	在 Devices 窗口中双击 CP088A	

续表

步骤	操作说明	操作图示
3	在打开的 CP088A 窗口中选择"Communication settings"选项卡，单击"Scan"，在扫描出的设备中选择 IP 地址为 192.168.101.100 的设备，勾选 Active（激活）复选框，PC 与控制器成功建立通信	
4	单击菜单栏中的"Online"，在下拉菜单中选择"Selective Download to Device"	
5	在弹出的登录对话框中输入用户名 Administrator 和密码 pass；单击"OK"登录控制器	
6	把需要修改的配置勾选上；单击"OK"将工程下载到控制器	

续表

步骤	操作说明	操作图示
7	控制器开始更新固件，等待更新完成，控制器重启后便可正常操作	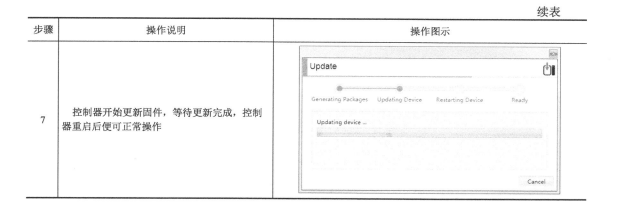

三、设定机器人运行模式

通过按下示教器背面的"V+""V−"键设定机器人的运行速度，将专用钥匙插入模式选择开关，设置程序运行模式：手动 T1、自动 A、外部自动 AE。

四、信息报告管理

单击"Menu"菜单按键→"信息报告管理"→"报警"，进入报警菜单。如图 1.3.1 所示，单击想要查看的报警信息即可查看详细描述，单击底部的"确认"按钮或者信息栏右边的"√"按钮可逐条确认报警信息，单击底部的"全部确认"按钮可全部确认报警信息。

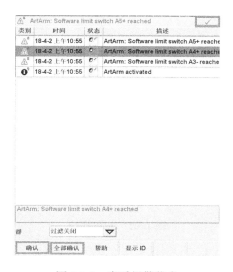

图 1.3.1　查看报警信息

单击"Menu"菜单按键→"信息报告管理"→"报告"，进入报告界面，报告界面显示机器人系统运行的历史状态报告，如图 1.3.2 所示。

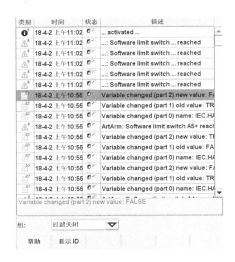

图 1.3.2 报告界面

任务考核和评价

知识考核

一、填空题

1. 连接 KEBA 工业机器人仿真系统时，首先需要双击打开＿＿＿＿＿＿软件。

2. 利用示教器查看机器人的报警消息时，需要用到＿＿＿＿＿＿菜单。

3. 关于示教器主界面的右侧上方点动坐标显示，"X、Y、Z、A、B、C"表示＿＿＿＿坐标系点动。

4. 在 Robots 参数设置中，需打开 Activate sampler＿＿＿＿＿＿功能，确保仿真的效果与实际编程一致。

二、思考题

1. 连接 KEBA 工业机器人系统仿真需要哪些步骤？

2. 如何查看和消除机器人的报警消息？

知识评价

见表 1.3.1。

表 1.3.1 知识评价

序号	评价标准	自评 20%	互评 20%	教师评 60%
1	填空题，每空 5 分，共 20 分			
2	思考题 1 评分细则：能准确回答所需要的步骤，语言表达清晰，酌情给 25～40 分；基本能回答所需要的步骤，语言表达欠熟练，酌情给 10～24 分；在提示的情况下基本能回答出所需的步骤，酌情给 1～9 分；不能回答出任何步骤，0 分			

序号	评价标准	自评 20%	互评 20%	教师评 60%
3	思考题 2 评分细则：能准确描述出如何查看和消除机器人的报警消息，语言表达清晰，酌情给 25～40 分；基本能描述出如何查看和消除机器人的报警消息，酌情给 10～24 分；在提示的情况下，基本能回答出如何查看和消除报警小心，酌情给 1～9 分；不能回答出任何步骤，0 分			

技能考核

1. 完成连接仿真系统的操作，并把操作步骤写下来。

2. 将工程下载到控制器，并把操作步骤写下来。

3. 用示教器进行机器人手动、自动、外部自动运行模式间的切换，并把操作步骤写下来。

技能评价

见表 1.3.2。

表 1.3.2　技能评价

序号	评价细则	自评 20%	互评 20%	教师评 60%
1	技能考核题 1 评分细则：一次完成连接仿真系统的操作，且操作熟练，步骤完整，酌情给 20～35 分；两次完成连接仿真系统的操作，操作不熟练，步骤欠完整，酌情给 5～19 分；多次仍未完成连接仿真系统操作，步骤欠完整，酌情给 1～4 分；不会操作，没写步骤，0 分			
2	技能考核题 2 评分细则：熟练完成工程下载，操作步骤正确，酌情给 25～40 分；能完成工程下载，但操作欠熟练，酌情给 15～24 分；在有提示情况下能操作完成，实现效果，能把步骤撰写清楚，酌情给 1～14 分；有提示的情况下还不会操作，撰写不出报告，0 分			
3	技能考核题 3 评分细则：熟练进行运行模式的切换，撰写的步骤完整准确，酌情给 20～25 分；能进行运行模式的切换，撰写的步骤完整，酌情给 10～19 分；需要提示才能完成任务操作步骤，撰写操作步骤不全，酌情给 1～9 分；有提示的情况下还不会操作，撰写不出步骤，0 分			

🌱 任务拓展

利用示教器操作机器人的关节运动和线性运动，需要将机器人的点动模式切换到关节坐标和世界坐标，切换的方法有两种。

1.利用位置菜单

单击"Menu"菜单按键→"坐标显示"→"位置"，进入位置界面，如图 1.3.3～图 1.3.6 所示，单击底部的"点动"按钮，可切换点动模式为"关节坐标""世界坐标""工具坐标""参考坐标"，同时右侧的区域也会显示对应的点动坐标。点动坐标中的 A、B、C 分别代表绕 X、Y、Z 轴旋转。

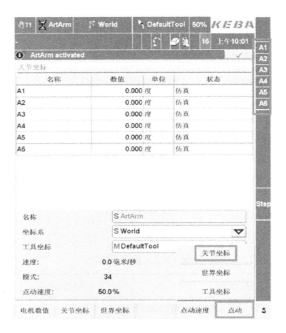

图 1.3.3　以关节坐标模式点动

图 1.3.4　以世界坐标模式点动

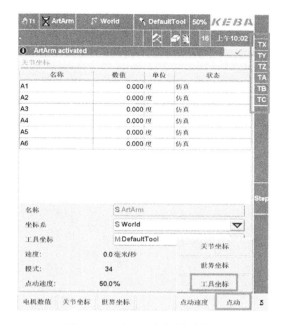

图 1.3.5 以工具坐标模式点动

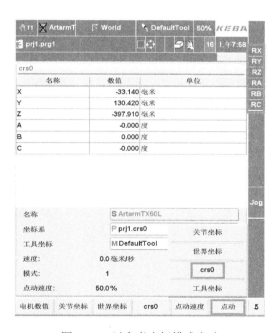

图 1.3.6 以参考坐标模式点动

2.利用多功能选择按钮

通过多功能选择按钮切换为"jog"多功能选项，切换到点动模式，如图 1.3.7 所示，在手动操作模式下选择好点动速度和点动模式后，按下使能键，确认机器人电机上电后按动机器人示教器界面右侧的六组"+""−"按键，便可使机器人进行关节运动或线性运动。

图 1.3.7　点动模式

项目二　使用工业机器人运动指令编程

任务一　编写机器人抓取工具的程序

学习目标

① 培养精益求精的精神。
② 学会创建 ap、cp 等位置变量及点位示教。
③ 能够创建 PTP、LIN、LinRel 等运动指令，进行 pos 参数设置。
④ 能够创建数字输出信号指令及对应变量。
⑤ 能够编写抓取胶枪和放置胶枪工具程序。
⑥ 能够完成程序调试及运行。

任务描述

[教学设计]

本任务的教学过程设计是根据工业现场情境中工程技术人员需要完成的操作过程展开：创建位置变量→创建基本运动指令→创建数字输出信号→编写抓取和放置胶枪工具程序→调试和运行，把知识点和技能训练融入任务实施中，让学生在操作中练习相关操作技能。

[教学重点]

本任务的教学重点在如何创建位置变量和基本运动指令，这在以后的编程中非常重要，因此在教学过程中要让学生反复练习。

[教学难点]

创建抓取和放置胶枪工具程序是本次任务的难点，因为它是对基本运动指令和数字信号指令的应用，难度较大，需要学反重复练习。

[设备与工具]

电脑、KEBA 工业机器人控制器、KEBA 工业机器人示教器、KeMotion3 03.16a 软件。

任务实施

一、创建位置变量与点位示教

1.创建位置变量

通过变量监测菜单创建位置变量，操作步骤如图 2.1.1 所示。

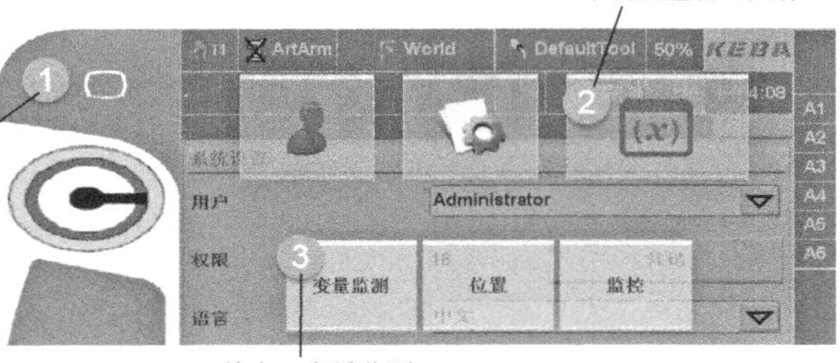

图 2.1.1　创建位置变量监测

图 2.1.2 所示为变量监测界面，显示已存在的系统变量、机器（全局）变量以及项目变量，“+”可以展开显示，“−”可以收缩显示，底部有变量类型过滤器选项，选择“关闭”，则显示所有变量。

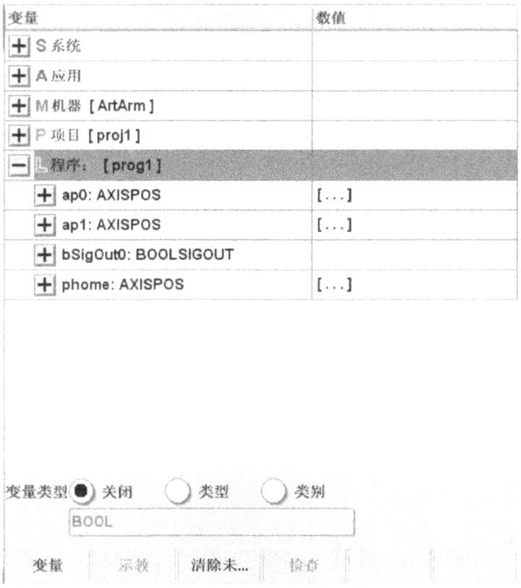

图 2.1.2　变量监测界面

单击"变量"按钮可对变量进行删除、粘贴、复制、剪切、重命名、新建等操作，如图 2.1.3 所示。

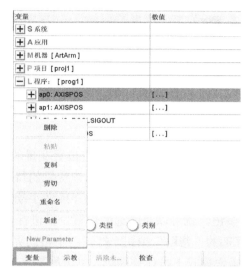

图 2.1.3 变量编辑

如图 2.1.4 所示，单击"位置"下"AXISPOS"新建 ap 变量；单击"位置"下"CARTPOS"新建 cp 变量。

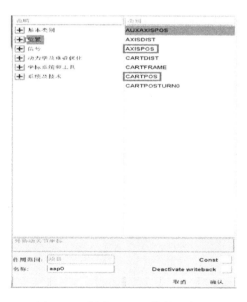

图 2.1.4 创建 ap、cp 等位置变量

2.机器人点位示教

利用位置菜单对机器人进行点位示教，如图 2.1.5 所示。

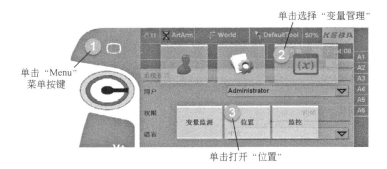

图 2.1.5　对机器人进行点位示教

如图 2.1.6 所示，位置界面显示系统中创建的所有位置变量的信息。在"选择位置"的下拉列表中选择需要查看的位置变量，界面中便显示出该变量的待教导信息、位置点动信息和位置数据。单击"位置数据"的输入框输入位置数据，或者手动操作机器人运动到需要到达的位置，然后单击"教导"按钮，就可以对所选的位置变量进行示教。

如图 2.1.7 所示，单击底部的"帮助"按钮，打开一个帮助界面。首先选择直线或者点到点的运动方式，然后在手动操作模式下按住使能键，单击屏幕底部的"允许"按钮，此时屏幕右侧的点动坐标显示区域会显示出"Go"，按住"Go"旁边的"+"可使机器人移动到所选位置，按住"Go"旁边的"−"可使机器人回到原始位置。

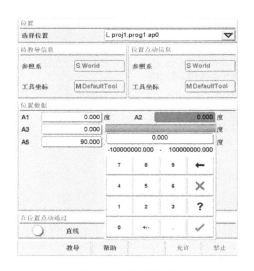

图 2.1.6　位置界面

图 2.1.7　帮助界面

二、创建基本运动指令

运动指令决定机器人的运动方式，运动指令包含以下指令。

1. PTP

该指令为机器人 TCP 点到点运动指令，执行这条指令时所有的轴会同时插补到目标点。

PTP 指令共有三个参数可配置，分别是 pos、dyn、ovl（在整个 PTP 指令中，dyn 和 ovl 参数是可选的，根据实际工艺进行选择）。pos 表示关节点的位置，即执行 PTP 这条指令之后，TCP 点会走到 ap0 点，其参数设置如图 2.1.8 所示。

Name	Value
⌐ PTP(ap0,d0,or0)	
− pos: POSITION_	└ ap0 ▽
a1: REAL	0.00
a2: REAL	0.00
a3: REAL	90.00
a4: REAL	0.00
a5: REAL	90.00
a6: REAL	0.00
+ dyn: DYNAMIC_ (OPT)	└ d0 ▽
+ ovl: OVERLAP_ (OPT)	└ or0 ▽

图 2.1.8　pos 参数设置

dyn 表示执行这条指令过程中机器人的动态参数，其参数设置如图 2.1.9 所示。其中 velAxis、accAxis、decAxis、jerkAxis 分别表示在自动运行模式下运动时的轴速度、轴加速度、轴减速度、轴加加速度，值的范围是 0%～100%，其设置如图 2.1.10 所示；vel、acc、dec、jerk 分别表示在自动运行模式下运动时 TCP 点的速度、加速度、减速度和加加速度，具体设置如图 2.1.11 所示。velOri、accOri、decOri、jerkOri 分别表示在自动运行模式下运动时 TCP 姿态变化的速度、加速度、减速度和加加速度，具体设置如图 2.1.12 所示。

Name	Value
− dyn: DYNAMIC_ (OPT)	└ d0 ▽
velAxis: PERCENT	93
accAxis: PERCENT	94
decAxis: PERCENT	94
jerkAxis: PERCENT	94
vel: REAL	1,500.00
acc: REAL	6,000.00
dec: REAL	6,000.00
jerk: REAL	1,000,000.00
velOri: REAL	90.00
accOri: REAL	180.00
decOri: REAL	180.00
jerkOri: REAL	1,000,000.00
PTP(ap0, d0, or0)	

图 2.1.9　dyn 参数设置

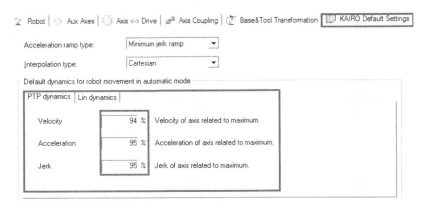

图 2.1.10　参数设置 1

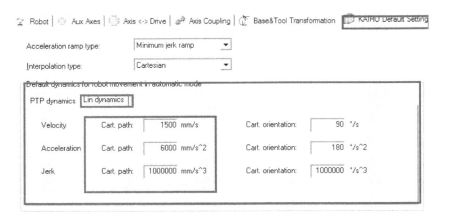

图 2.1.11　参数设置 2

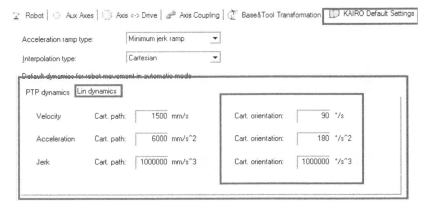

图 2.1.12　参数设置 3

ovl 参数设置的方法在后面的任务中结合具体示例介绍。

图 2.1.13 所示为 PTP 指令只配置 pos 参数而没有配置 dyn 和 ovl 参数。图 2.1.14 所示为

图 2.1.13　PTP 指令配置 1

图 2.1.14　PTP 指令配置 2

图 2.1.15　PTP 指令配置 3

图 2.1.16　PTP 指令配置 4

PTP 指令只配置 pos 和 dyn 参数而没有配置 ovl 参数。图 2.1.15 所示为 PTP 指令只配置 pos 和 ovl 参数而没有配置 dyn 参数。图 2.1.16 所示为 PTP 指令配置 pos、ovl 和 dyn 三个参数。

　　以上四种情况配置出的指令如图 2.1.17 所示。

图 2.1.17　PTP 指令在不同配置下的形式

2. Lin

　　Lin 指令为直线运动命令，通过该指令可以使机器人 TCP 以设定的速度沿直线移动到目标位置，指令参数设置如图 2.1.18 所示。假如直线运动的起点与目标点的 TCP 姿态不同，那么 TCP 从起点位置直线运动到目标位置的同时，其姿态会通过姿态连续插补的方式从起点姿态过渡到目标点的姿态。

图 2.1.18　Lin 指令参数设置

　　Lin 指令中的 pos 参数是 TCP 点在空间坐标系中的位置，执行 Lin 指令时，TCP 点会运动到 cp0 点，其内部参数如图 2.1.19 所示，其中 x、y、z 分别表示 TCP 点在参考坐标系三个轴上的位置，a、b、c 表示 TCP 点姿态，mode 表示机器人运行中的插补模式，在指令执行过程中，进行轨迹姿态插补时插补模式不能更改。

pos: POSITION_	L cp0	▽
x: REAL		169.97
y: REAL		-229.88
z: REAL		930.00
a: REAL		121.64
b: REAL		180.00
c: REAL		-58.36
mode: DINT		1

图 2.1.19　pos 内部参数

Lin 指令的 dyn 参数与 PTP 指令的 dyn 参数一致。ovl 参数与 PTP 指令的 ovl 参数一致。Lin 指令中只配置 pos 参数的设置如图 2.1.20 所示。

图 2.1.20　Lin 指令配置 1

Lin 指令中只配置 pos 和 dyn 参数的设置如图 2.1.21 所示。

图 2.1.21　Lin 指令配置 2

Lin 指令中只配置 pos 和 ovl 参数的设置如图 2.1.22 所示。

图 2.1.22　Lin 指令配置 3

Lin 指令中配置 pos、ovl 和 dyn 三个参数的设置如图 2.1.23 所示。

图 2.1.23　Lin 指令配置 4

综上四种情况配置出的指令如图 2.1.24 所示。

```
7  Lin(cp0)
8  Lin(cp0, d0)
9  Lin(cp0, , or0)
10 Lin(cp0, d0, or0)
```

图 2.1.24　Lin 指令在不同配置下的显示区别

3. StopRobot

该指令用来停止机器人运动，丢弃已计算好的插补路径，但不停止程序，机器人执行该指令后将以机器人停止的位置作为运动起点位置，重新计算插补路径，执行后续的运动指令。

4. MoveRobotAxis

该指令是机器人轴运动指令，运行该指令时只有指定的轴进行移动，其他轴保持原位不动，参数设置如图 2.1.25 所示。

MoveRobotAxis(A1,0.0)	
axis: ROBOTAXIS	A1
pos: REAL	0.000
dyn: DYNAMIC_ (可选参数)	无数值
ovl: OVERLAP_ (可选参数)	无数值

图 2.1.25　MoveRobotAxis 参数设置

5. PTPSearch

该指令为点到点插补搜索运动指令。通过指令设置触发信号，收到信号后机器人停止移动并存储触发位置。指令参数设置如图 2.1.26 所示。

PTPSearch(cp1)	
targetPos: POSITION_ (渐建)	L cp1
x: REAL	0.000
y: REAL	0.000
z: REAL	0.000
a: REAL	0.000
b: REAL	0.000
c: REAL	0.000
mode: DINT	-1
triggerSignal: ANY	
dyn: DYNAMIC (可选参数)	无数值
trigger: EDGETYPE (可选参数)	无数值
triggeredPos: POSITION_ (可选参数)	无数值
stopRobot: BOOL (可选参数)	无数值
stopMode: STOPMODE (可选参数)	无数值

图 2.1.26　PTPSearch 参数设置

PTPSearch 指令参数说明见表 2.1.1。

表 2.1.1　PTPSearch 指令参数说明

参数	说明
targetPos	搜索移动的目标位置。如果触发信号没有收到，指令返回 false
triggerSignal	等待数字信号。如果信号设置在开始处，则设置错误
dyn	动态参数
trigger	等待触发信号的上升沿或下降沿（默认值：RISINGEDGE）
triggeredPos	机器人在触发信号时的位置
stopRobot	接收到触发信号后停止机器人移动（默认值：TRUE）
stopMode	停止机器人移动的方法（默认值：CONTINUETRACKING）

6. LinSearch

该指令为线性插值搜索运动指令。通过指令设置触发信号，接收到触发信号后，机器人将会停止移动并存储触发信号时的位置，指令参数设置如图 2.1.27 所示。

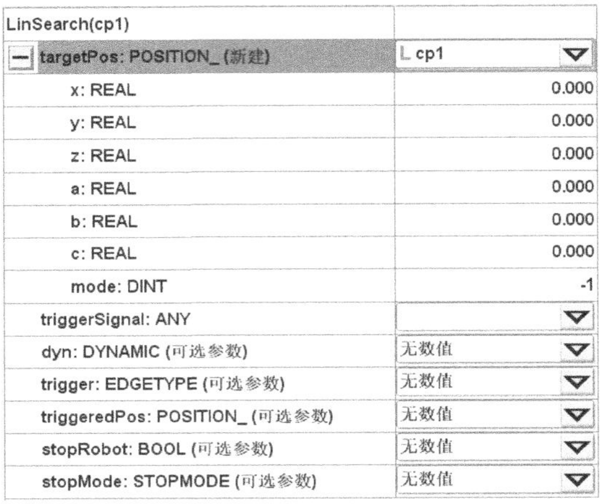

LinSearch(cp1)	
— targetPos: POSITION_ (新建)	└ cp1 ▽
x: REAL	0.000
y: REAL	0.000
z: REAL	0.000
a: REAL	0.000
b: REAL	0.000
c: REAL	0.000
mode: DINT	-1
triggerSignal: ANY	▽
dyn: DYNAMIC (可选参数)	无数值 ▽
trigger: EDGETYPE (可选参数)	无数值 ▽
triggeredPos: POSITION_ (可选参数)	无数值 ▽
stopRobot: BOOL (可选参数)	无数值 ▽
stopMode: STOPMODE (可选参数)	无数值 ▽

图 2.1.27　LinSearch 参数设置

7. WaitIsFinished

使用该指令可以控制多任务程序中各个进程的先后顺序，使一些进程在指定参数激活之前被中断，直到该参数被激活后再持续执行。

8. WaitJustInTime

该指令类似于同步指令，但是执行该指令时不会影响到机器人的动态参数。

9. WaitOnPath

该指令会使机器人暂停一段时间，但程序执行没有延迟。例如程序：

```
Lin (pos1)  // 机器人直线运动到 pos1 的位置
WaitOnPath（100）  //等待 100ms 而不延迟程序执行
Lin (pos2)  //机器人直线运动到 pos2 的位置
i : = i +1 // i 的变量值加 1
// pos1 or it is waiting on the path （机器人可能在 pos1 的位置等待）
```

三、创建数字输出信号指令

1. BOOLSIGOUT.Set

此指令用于设定一个数字量输出信号，指令设置如图 2.1.28 所示。可使用该指令来闭合机器人夹爪，机器人等待夹爪闭合后再执行下一步动作，其中可使用一个数字输入信号来反馈夹爪已闭合、工件已被夹爪抓取，如果指定的等待时间过后夹爪未闭合，指令会报错且程序中断，提醒用户对设备进行调整。BOOLSIGOUT.Set 指令的参数及说明见表 2.1.2。

GripperOut.Set(TRUE,GripperFeedback,100,TRU	
➕ BOOLSIGOUT	∟ GripperOut ▽
value: BOOL (可选参数)	TRUE ▽
fbSignal: BOOL (可选参数)	∟ GripperFeedback ▽
fbTimeoutMs: DINT (可选参数)	100
waitOnFeedback: BOOL (可选参数)	TRUE ▽

图 2.1.28　BOOLSIGOUT.Set 指令设置

表 2.1.2　BOOLSIGOUT.Set 指令的参数及说明

序号	参数	说明
1	value	数字量输出信号设定值（默认为 TRUE）
2	fbSignal	反馈信号。如果使用一个反馈信号，在输出信号被重置前该反馈信号一直被监测；当反馈信号和输出信号不同时，程序报错（默认：不使用反馈信号）
3	fbTimeoutMs	等待反馈信号的时间（默认：0，也就是反馈信号必须立即被置位）
4	waitOnFeedback	TRUE：程序等待直到反馈信号被置位。如果没有给定 fbTimeoutMs，程序等待没有时间限制；如果反馈信号没有在给定时间内被置位，则程序报错； FALSE：程序继续运行而不用等待反馈信号。反馈信号若没有被置位，而且没有给定 fbTimeoutMs，程序立即报错（默认：FALSE）

2. BOOLSIGOUT.Pulse

给数字输出信号设置一个指定时长的脉冲，时长单位为 ms，指令设置如图 2.1.29 所示。BOOLSIGOUT.Pulse 指令参数及说明见表 2.1.3。

GripperOut.Pulse(1000,TRUE,TRUE)	
➕ BOOLSIGOUT	∟ GripperOut ▽
pulseLengthMs: DINT	1,000
pulseValue: BOOL (可选参数)	TRUE ▽
pauseAtInterrupt: BOOL (可选参数)	TRUE ▽

图 2.1.29　BOOLSIGOUT.Pulse 指令设置

表 2.1.3　BOOLSIGOUT.Pulse 指令的参数及说明

参数	说明
pulseLengthMs	脉冲持续时间
pulseValue	TRUE =正脉冲，FALSE =负脉冲（默认：TRUE）
pauseAtInterrupt	TRUE：程序中断时，脉冲输出暂停；程序继续运行时，脉冲继续输出，直至脉冲时间结束。如果程序终止，脉冲输出不会中断； FALSE：程序中断时，脉冲输出不会中断，一直输出到脉冲时间结束（默认：FALSE）

四、创建抓取胶枪和放置胶枪的程序

1.连接系统仿真

步骤	操作说明	操作图示
1	双击"KeStudio Scope"图标打开软件	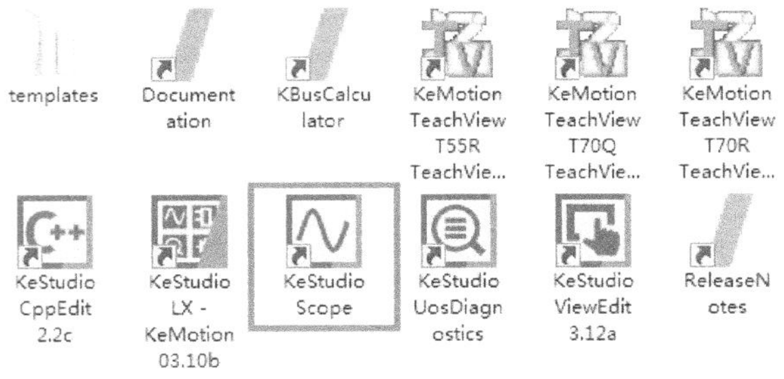
2	在"Target"选项中单击"Connect to Target"，与控制器建立通信连接	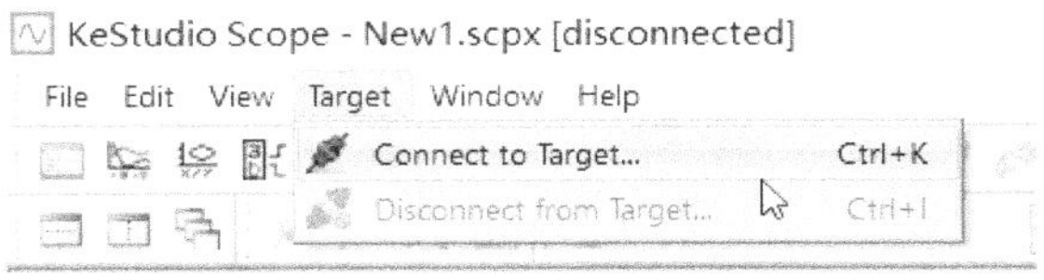
3	在 Hostname 中输入控制器 ETH0 口 IP 地址"192.168.101.100"，其他选项默认，单击"OK"，进行控制器的连接	
4	在 View 菜单中，单击"New 3D-View"，添加 3D 模型	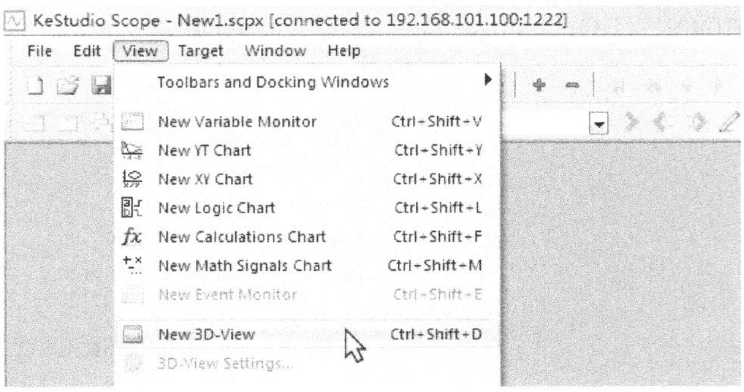

步骤	操作说明	操作图示
5	选择 3D 模型的存储路径，单击"打开"	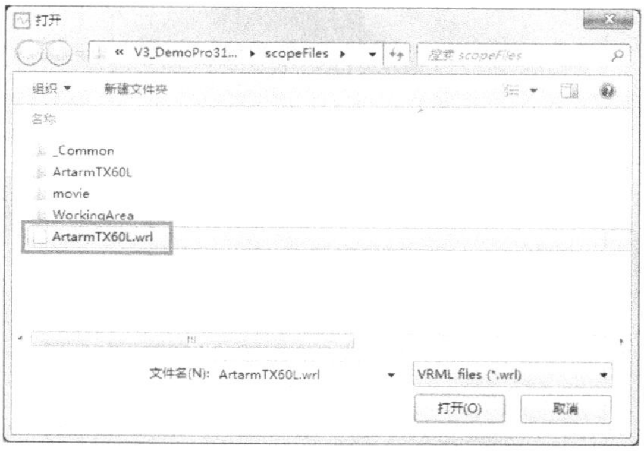
6	在打开的 3D 模型中，单击"Start Recording（F5）"运行仿真	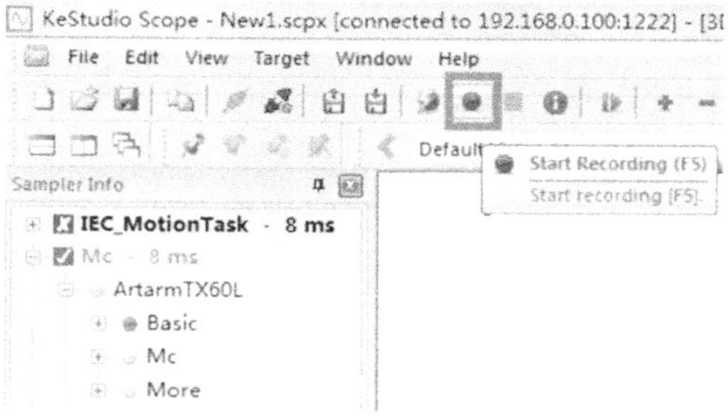
7	在 3D 模型显示窗口底部中央有三个切换视角按键，从左至右分别代表"缩放""旋转""平移"，选择不同的切换视角按键后，可用鼠标左键拖动屏幕中央的 3D 模型进行查看	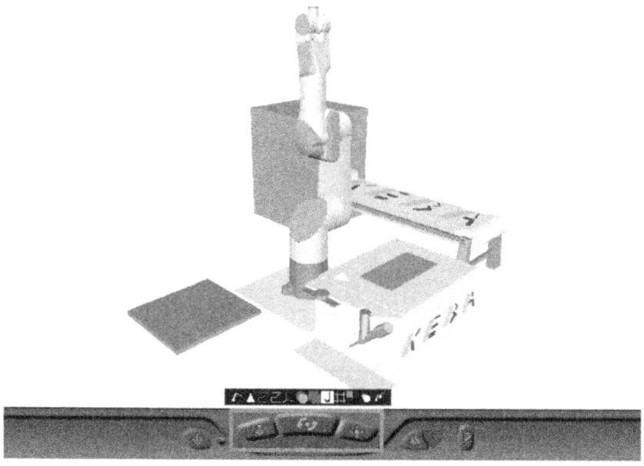
8	检验仿真环境是否与控制器连接完好：在手动操作模式下按住示教器使能键，以关节坐标方式点动一下机器人各轴，查看 3D 模型是否与机器人同步运动	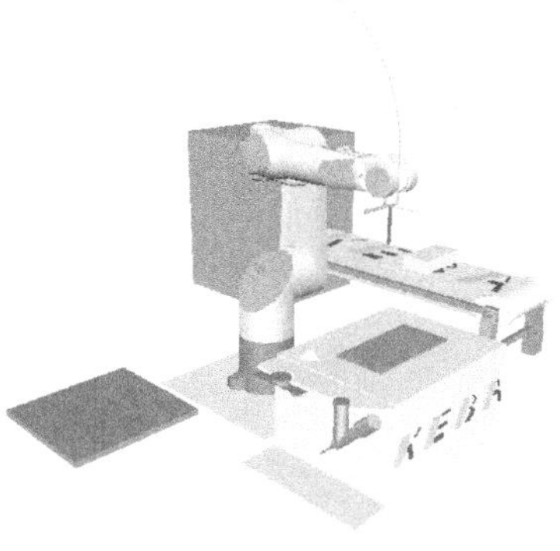

续表

步骤	操作说明	操作图示
9	在 Robots 参数设置中打开 Activate sampler 实时采样功能，确保仿真效果与实际编程一致	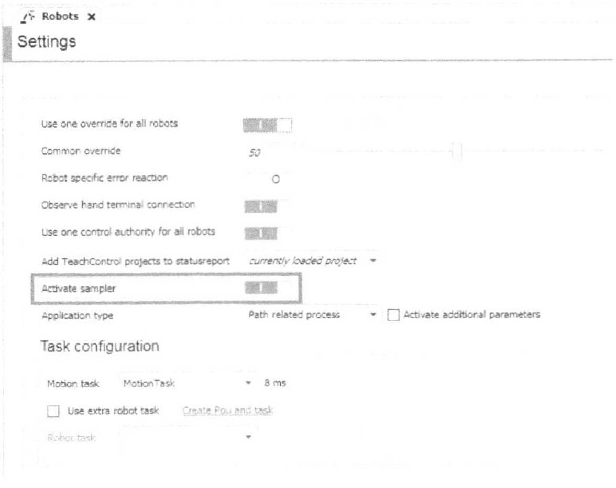 

2.新建项目及程序

步骤	操作说明	操作图示
1	单击示教器上的主菜单按键，选择文件夹图标，单击"项目"	
2	在弹出的界面中单击"文件"→"新建项目"	

续表

步骤	操作说明	操作图示
3	输入项目名称和程序名称，单击"√"图标确认	 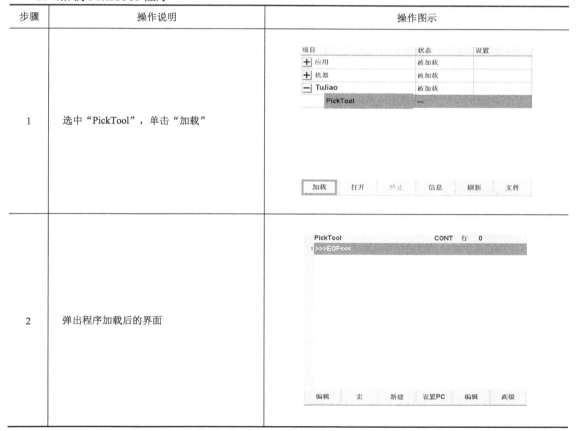
4	选择新建的项目，单击"加载"；一次只能加载一个项目，其他项目必须关闭	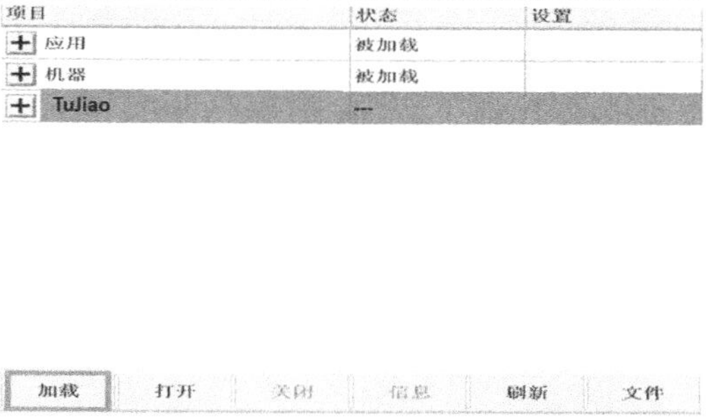

3.编写抓取胶枪工具程序 PickTool

1）加载 PickTool 程序

步骤	操作说明	操作图示
1	选中"PickTool"，单击"加载"	
2	弹出程序加载后的界面	

2）添加程序指令

步骤	添加指令	说明
1	Tool（DefaultTool）	设置机器人工具为"DefaultTool"（默认工具）
2	PTP（ap0）	机器人到达初始点
3	PTP（ap1）	机器人到达吸盘工具上方点
4	Lin（cp0）	机器人到达吸盘工具抓取点
5	WaitIsFinished（）	等待机器人到位
6	bSigOut0.Set（TRUE）	打开抓取工具信号，使用 IoDout[0]信号
7	WaitTime（500）	等待 0.5 秒
8	Lin（cp1）	抓取工具后机器人到达过渡点 1
9	Lin（cp2）	抓取工具后机器人到达过渡点 2
10	PTP（ap0）	机器人回到初始点
11	检查 PickTool 程序代码	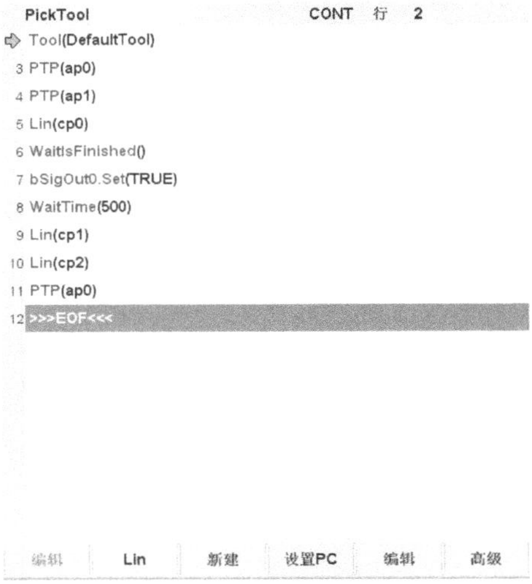

3）检查示教点位置

序号	示教点	位置图
1	ap0（a3：90，a5：90）	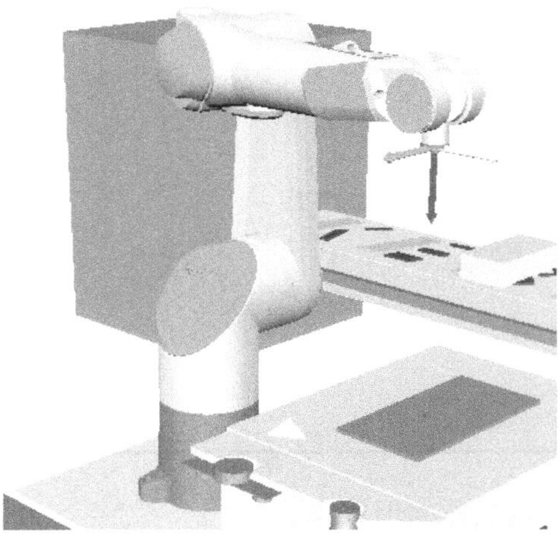

续表

序号	示教点	位置图
2	ap1	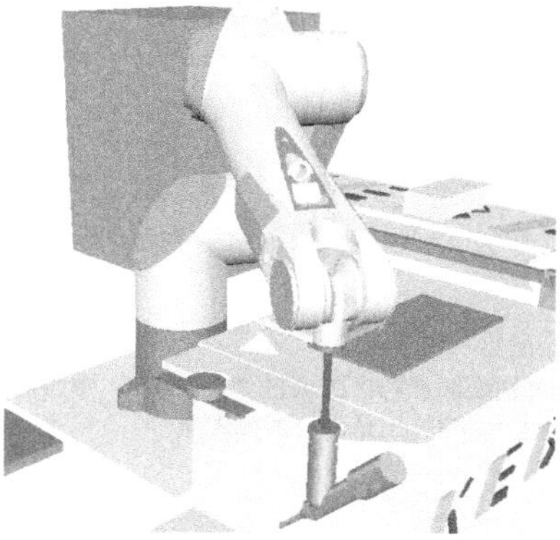
3	cp0	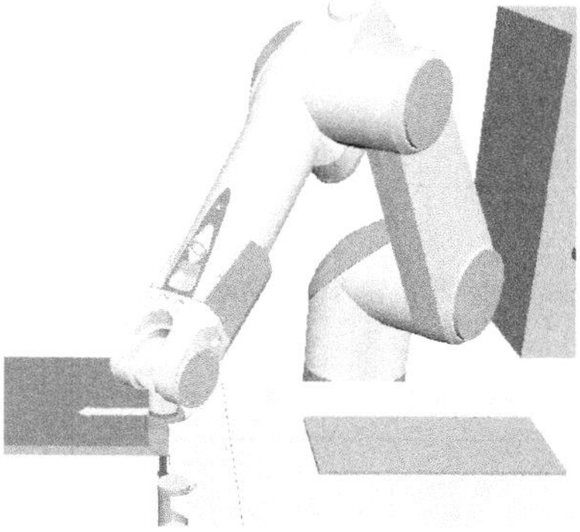
4	cp1	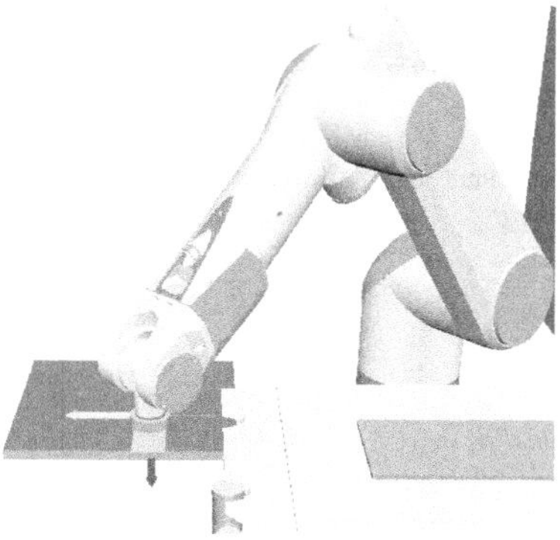
5	cp2	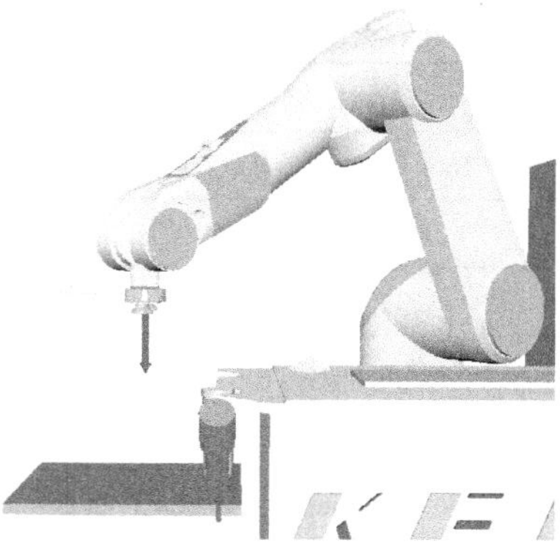

4.编写放置胶枪工具程序 PutTool

1）创建放置胶枪程序 PutTool 并加载

步骤	操作说明	操作图示
1	选择需要添加程序的项目"TuJiao"，单击右下角的"文件"，单击"新建程序"	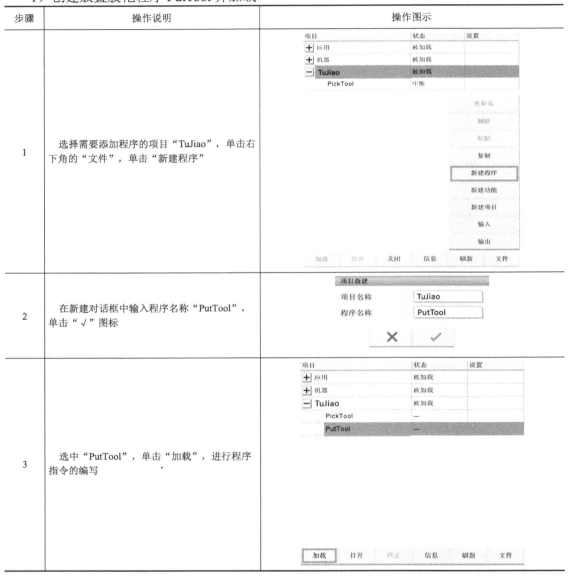
2	在新建对话框中输入程序名称"PutTool"，单击"√"图标	
3	选中"PutTool"，单击"加载"，进行程序指令的编写	

2）添加程序指令

步骤	添加指令	说明
1	Tool（DefaultTool）	设置机器人工具为"DefaultTool"（默认工具）
2	PTP（ap0）	机器人到达初始点
3	PTP（cp2）	机器人到达过渡点 2
4	Lin（cp1）	机器人到达过渡点 1
5	Lin（cp0）	机器人到达吸盘工具抓取点
6	WaitIsFinished（）	等待机器人到位

续表

步骤	添加指令	说明
7	bSigOut0.Set（FALSE）	关闭抓取工具信号，使用 IoDout[0]信号
8	WaitTime（500）	等待 0.5 秒
9	Lin（ap1）	机器人到达吸盘工具上方点
10	PTP（ap0）	机器人回到初始点
11	检查 PutTool 程序代码	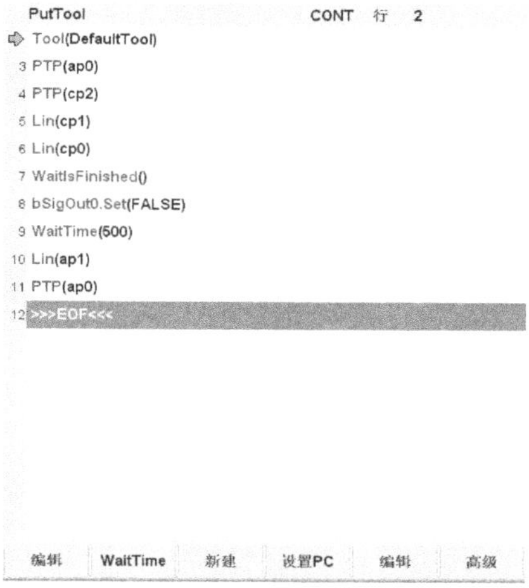 PutTool　　　　　　CONT 行 2 Tool(DefaultTool) 3 PTP(ap0) 4 PTP(cp2) 5 Lin(cp1) 6 Lin(cp0) 7 WaitIsFinished() 8 bSigOut0.Set(FALSE) 9 WaitTime(500) 10 Lin(ap1) 11 PTP(ap0) 12 >>>EOF<<< 编辑　WaitTime　新建　设置PC　编辑　高级

放置工具程序 PutTool（）的点位置示教请参照抓取工具程序 PickTool（）的点位置示教。

五、程序调试与运行

步骤	操作说明	操作图示
1	加载程序，单击底部的"设置 PC"，光标指针指向第一行	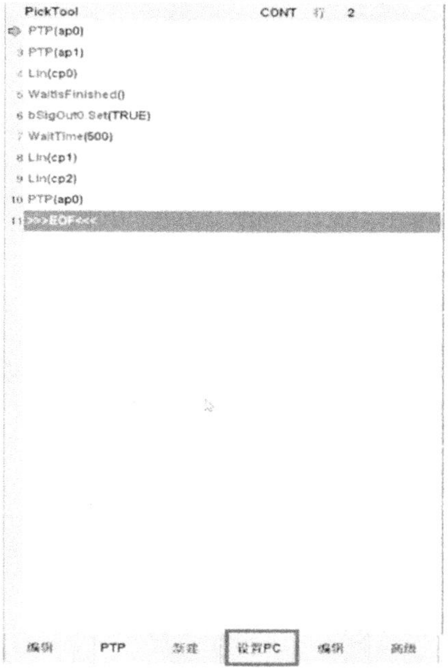 PickTool　　　　　CONT 行 2 PTP(ap0) 3 PTP(ap1) 4 Lin(cp0) 5 WaitIsFinished() 6 bSigOut0.Set(TRUE) 7 WaitTime(500) 8 Lin(cp1) 9 Lin(cp2) 10 PTP(ap0) 11 >>>EOF<<< 编辑　PTP　新建　设置PC　编辑　高级

步骤	操作说明	操作图示
2	使用钥匙切换为手动运行模式，程序运行模式切换为单步运行，按住示教器上的使能键和 Start 键，单步调试程序	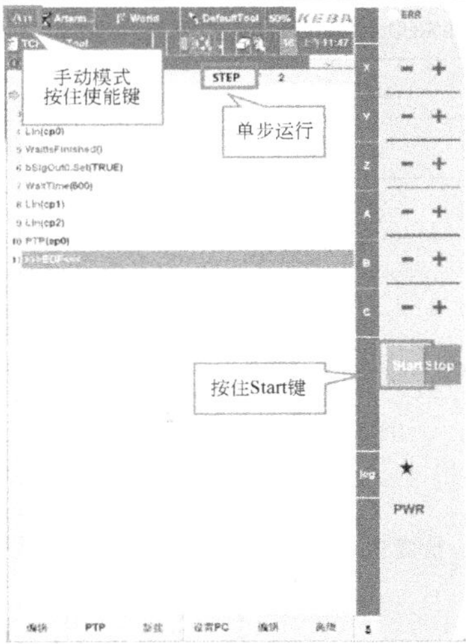
3	单步调试无错误后，程序运行模式切换为连续运行，按住示教器上的使能键和 Start 键，连续运行一遍程序	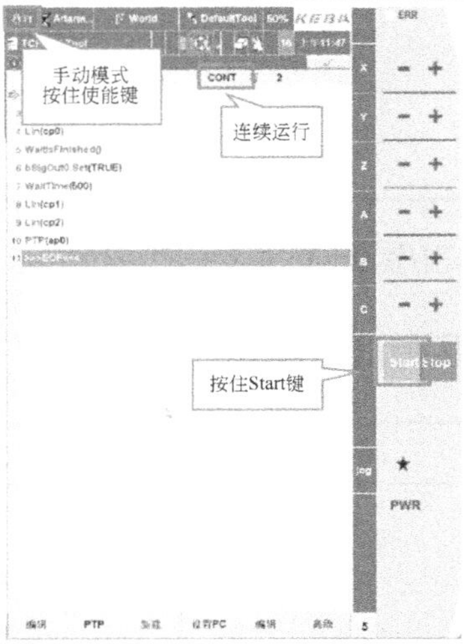
4	手动连续运行无错误后，按下示教器上的 PWR 键，再按下 Start 键，程序即自动连续运行；需要停止程序运行时，按下 Stop 键；紧急情况下需要立即停止机器人运行时，按下紧急停止按钮	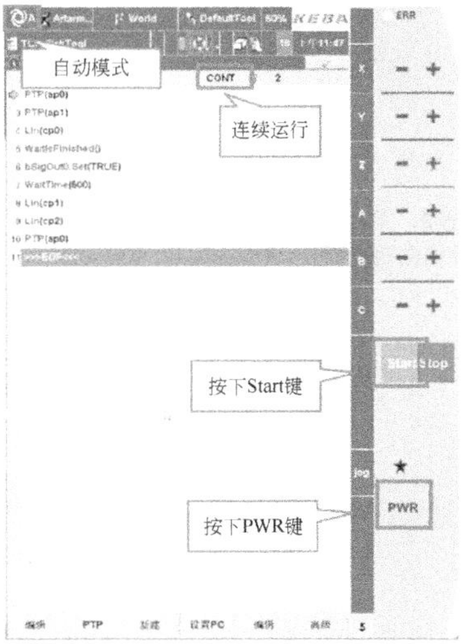

任务考核和评价

知识考核

一、填空题

1. _____显示已存在的系统变量、机器（全局）变量以及项目变量。

2. 点到点运动指令 PTP 的三个参数中，_____参数表示关节点的位置。

3. BOOLSIGOUT.Set 指令的数字量输出信号设定值 value 默认为_____。

4. BOOLSIGOUT.Pulse 是给数字输出信号一个指定时长的脉冲，时长单位为_____。

5. 在变量监测界面，单击"变量"→"新建"后，选择"位置"下_____新建 ap 点。

二、思考题

1. PTP 指令和 Lin 指令有什么区别？

2. 在编写抓取胶枪程序时，如果省略指令 WaitIsFinished（）可能产生什么后果？

知识评价

见表 2.1.4。

表 2.1.4　知识评价

序号	评价标准	自评 20%	互评 20%	教师评 60%
1	填空题，每空 5 分，共 25 分			
2	思考题 1 评分细则：完整准确回答两条指令的区别，语言表达清晰，酌情给 16～30 分；基本能回答出两条指令的区别，酌情给 10～15 分			
3	思考题 2 评分细则：能准确完整地描述出产生的后果，酌情给 25～45 分；能独立描述出产生的后果，酌情给 10～24 分；经提示描述出产生的后果，酌情给 1～9 分			

技能考核

1. 利用位置菜单对机器人点位进行示教，并把操作步骤写下来。

2. 利用示教器创建抓取胶枪工具程序。

3. 利用示教器进行抓取胶枪工具程序的调试。

技能评价

见表 2.1.5。

表 2.1.5　技能评价

序号	评价细则	自评 20%	互评 20%	教师评 60%
1	技能考核题 1 评分细则： ① 能完成机器人点位的示教，且操作熟练，简述的步骤完整，酌情给 25～35 分； ② 能独立完成机器人点位的示教，但操作不熟练，简述的步骤欠完整，酌情给 15～24 分； ③ 经提示完成机器人点位的示教，操作欠熟练，简述的步骤完整，酌情给 1～14 分； ④ 不会操作，且没写步骤，0 分			

续表

序号	评价细则	自评 20%	互评 20%	教师评 60%
2	技能考核题 2 评分细则： ① 熟练操作示教器完成整个程序的创建，操作步骤正确，撰写步骤准确完整，酌情给 25～35 分； ② 能操作示教器完成整个程序创建，操作步骤正确，但操作欠熟练，酌情给 15～24 分； ③ 在有提示情况下完成程序创建，能把步骤撰写清楚，酌情给 1～14 分； ④ 有提示的情况下还不会操作，撰写不出步骤，0 分			
3	技能考核题 3 评分细则： ① 熟练操作示教器完成抓取胶枪工具程序调试，熟练操作，步骤完整准确，酌情给 20～30 分； ② 能操作示教器完成程序调试，步骤正确，但操作欠熟练，酌情给 10～19 分； ③ 需要提示才能完成程序调试，操作步骤不全，酌情给 1～9 分； ④ 在有提示的情况下还不能完成调试，且操作步骤不全，0 分			

🌱 任务拓展

这里介绍工业机器人的两个主要的相对移动指令。

1. PTPRel

该指令为 PTP 插补相对偏移指令，以当前机器人位置或者上一步运动指令的目标位置为起点位置，相对偏移可以是直线位移或角度偏移。PTPRel 指令中可以设置 dyn 和 ovl 参数，如图 2.1.30 所示。

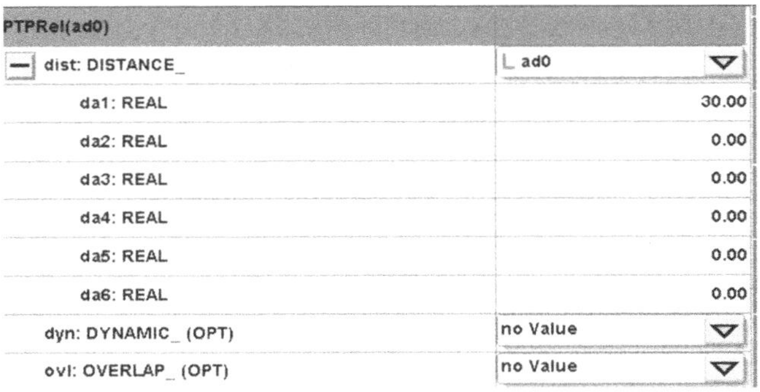

图 2.1.30　PTPRel 参数设置

参数 dist 中的 da1、da2、da3、da4、da5、da6 表示的是各个轴的相对偏移量，如果是角度偏移，单位是度，如果是直线位移，单位是 mm。另外两个参数与 PTP 指令中的一样。

2. LinRel

该指令为线性插补相对移动指令，以当前机器人位置或者上一步运动指令的目标位置为起点位置，进行直线偏移和姿态调整。LinRel 指令中可以设置 dyn 和 ovl 参数，与 PTPRel 指令类似，其设置如图 2.1.31 所示。

LinRel(cd0)		
─	dist: DISTANCE_	└ cd0 ▽
	dx: REAL	0.00
	dy: REAL	0.00
	dz: REAL	0.00
	da: REAL	0.00
	db: REAL	0.00
	dc: REAL	0.00
	dyn: DYNAMIC_ (OPT)	no Value ▽
	ovl: OVERLAP_ (OPT)	no Value ▽

图 2.1.31　LinRel 参数设置

参数 dist 中的 dx、dy、dz 表示在 x、y、z 三个方向上的相对偏移，单位是 mm；da、db、dc 表示机器人的姿态相对偏移，单位是度；另外两个参数与 PTP 指令中的一样。

任务二　编写机器人运行简单轨迹的程序

学习目标

① 掌握 Circ 指令、dyn 动态参数的功能及参数设置方法；
② 能熟练完成 3D 模型创建、工程下载、系统仿真；
③ 能熟练进行机器人示教，快速建立相关变量；
④ 能熟练使用示教器进行直线运行编程，绘制矩形轨迹并完成调试；
⑤ 能熟练使用示教器进行圆弧运行编程，绘制圆形轨迹并完成调试。

任务描述

[教学设计]

本任务的教学过程设计是根据工业现场情景中工程技术人员需要完成的实际操作来展开：工程下载到控制器→连接系统仿真→抓取胶枪工具→设置工具坐标系→复杂轨迹运动编程→放胶枪工具。知识点和技能训练融入任务实施中，学生在操作中理解各指令的功能并习得操作技能。

[教学重点]

本任务的教学重点在于 Circ 指令、dyn 动态参数的功能及参数设置，以及各位置坐标的示教方法，这在以后的轨迹绘制编程中非常重要，直接影响到后续任务的完成结果。因此在教学过程中要让学生反复练习。

[教学难点]

dyn 动态参数有 12 个，让学生一下子记住所有参数的功能会比较困难。因此可以在教学过程中，讲解每组参数的功能之后再示范操作一遍，然后让学生跟做一遍，另给 5 分钟自由练习和巩固知识的时间。

[设备与工具]

电脑、KEBA 工业机器人控制器、KEBA 工业机器人示教器、KeMotion3 03.16a 软件。

❖ 任务实施

一、I/O 配置及工程下载到控制器

将配置好紧急停止按键和使能键、I/O 的示例工程下载到控制器，详细操作步骤请参照项目一任务三工程下载操作。

二、连接系统仿真

步骤	操作说明	操作图示
1	双击 "KeStudio Scope" 图标打开软件	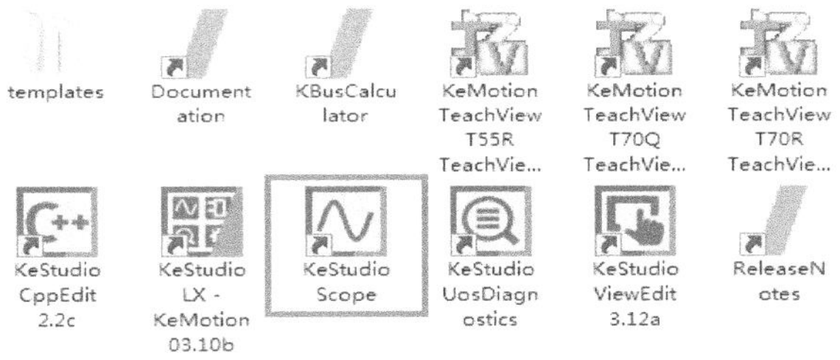
2	在 "Target" 菜单中单击 "Connect to Target"，与控制器建立通信连接	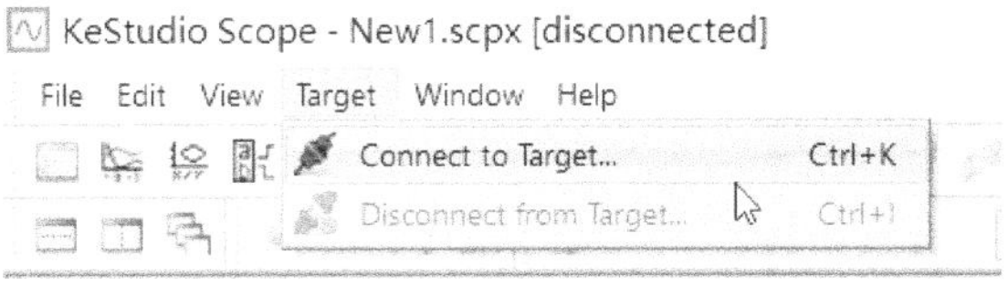
3	在 Hostname 中输入控制器 ETH0 口的 IP 地址 "192.168.101.100"，其他选项默认，单击 "OK" 按钮，进行控制器的连接	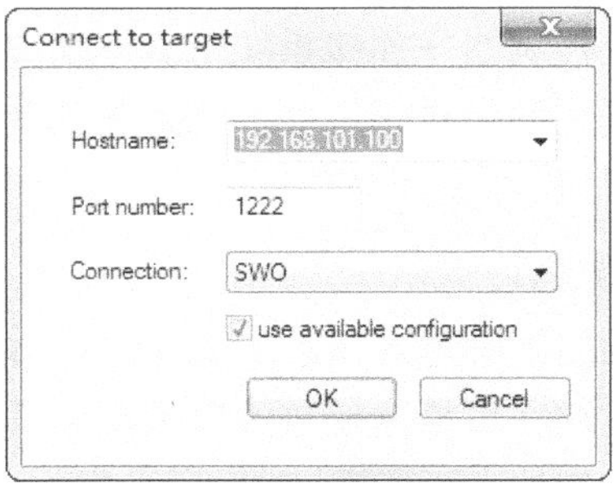

续表

步骤	操作说明	操作图示
4	在"View"菜单中单击"New 3D-View"，添加 3D 模型	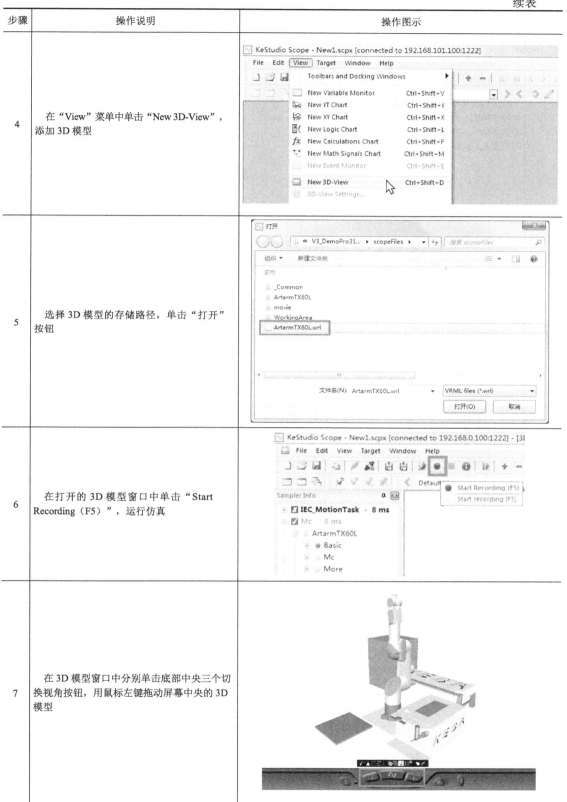
5	选择 3D 模型的存储路径，单击"打开"按钮	
6	在打开的 3D 模型窗口中单击"Start Recording（F5）"，运行仿真	
7	在 3D 模型窗口中分别单击底部中央三个切换视角按钮，用鼠标左键拖动屏幕中央的 3D 模型	

续表

步骤	操作说明	操作图示
8	检验仿真环境是否与控制器连接完好：在手动操作模式下按住示教器使能键，以关节坐标方式点动一下机器人各轴，查看 3D 模型是否与机器人运动同步	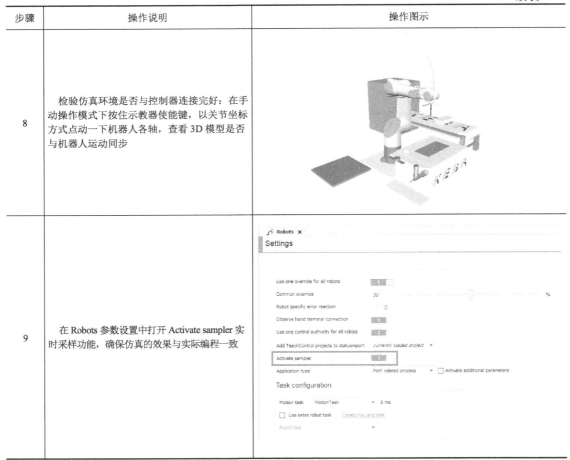
9	在 Robots 参数设置中打开 Activate sampler 实时采样功能，确保仿真的效果与实际编程一致	

三、轨迹设置

步骤	操作说明	操作图示
1	使用 Circ 圆弧指令使机器人 TCP 末端沿起点、辅助点到目标点做圆弧运动，圆弧指令起始位置、辅助位置以及目标位置必须能够明显地区分开	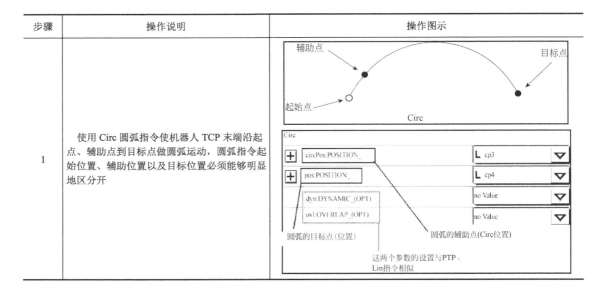

续表

步骤	操作说明	操作图示
2	采用 dyn 指令参数配置机器人运动的动态参数。执行该指令后，在自动模式下机器人按设定的动态参数运动，直到动态参数被修改	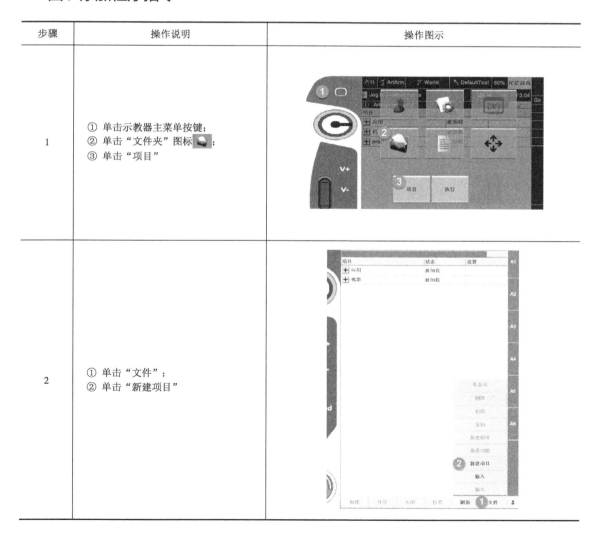

四、添加程序指令

步骤	操作说明	操作图示
1	① 单击示教器主菜单按键； ② 单击"文件夹"图标 ； ③ 单击"项目"	
2	① 单击"文件"； ② 单击"新建项目"	

续表

步骤	操作说明	操作图示
3	新建的项目 hzgj 和程序 jxyx 会出现在界面中，选中程序名称"jxyx"进行加载	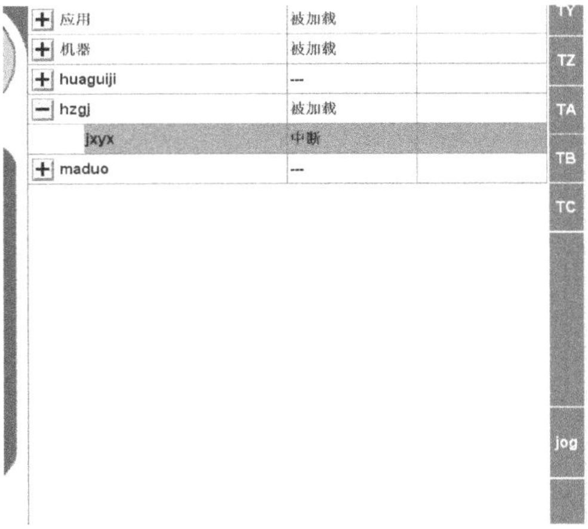
4	在程序编辑界面添加程序指令，首先编写抓取胶枪工具程序	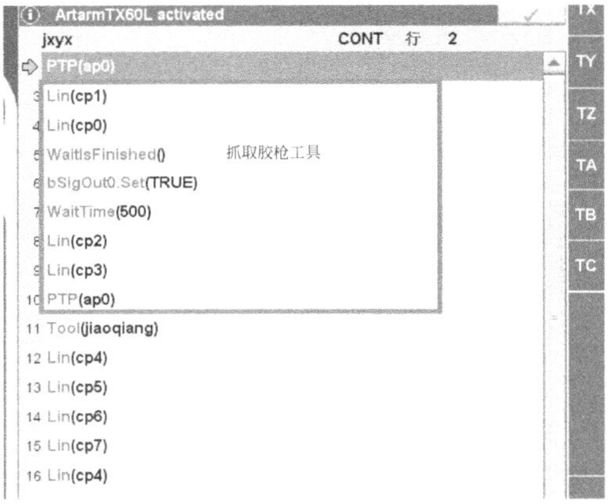
5	切换为工具坐标系	

续表

步骤	操作说明	操作图示
6	编写绘制矩形轨迹程序	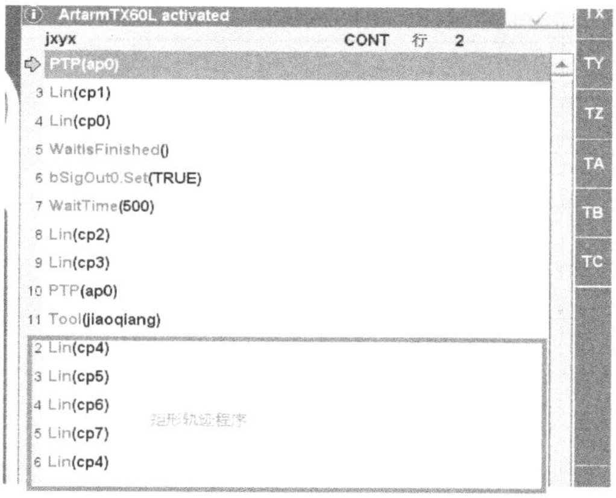
7	编写绘制圆形轨迹程序	
8	编写放回胶枪工具程序	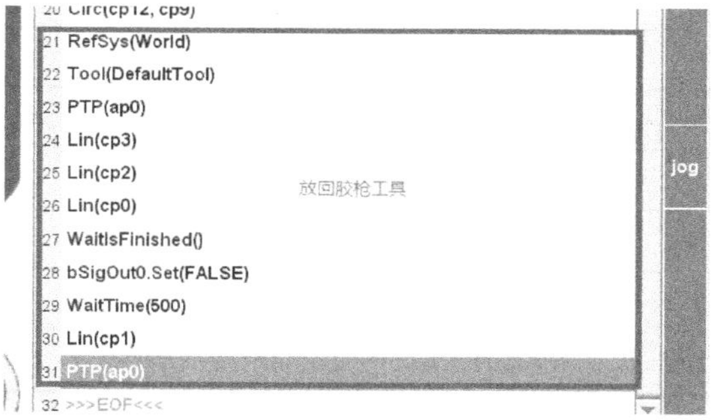

程序指令说明如下：

行号	程序指令	说明
1	PTP（ap0）	机器人回到 ap0 点
2	Lin（cp1）	机器人走直线到达 cp1 点
3	Lin（cp0）	机器人走直线到达 cp0 点
4	WaitIsFinished（）	机器人运动以及程序同步执行
5	bSigOut0.Set（True）	信号 0 置位，抓取胶枪
6	WaitTime（500）	等待 500 毫秒
7	Lin（cp2）	机器人走直线到达 cp2 点
8	Lin（cp3）	机器人走直线到达 cp3 点
9	PTP（ap0）	机器人回到 ap0 点

行号	程序指令	说明
10	Tool（jiaoqiang）	机器人变换为工具坐标系
11	Lin（cp4）	机器人走直线到达 cp4 点
12	Lin（cp5）	机器人走直线到达 cp5 点
13	Lin（cp6）	机器人走直线到达 cp6 点
14	Lin（cp7）	机器人走直线到达 cp7 点
15	Lin（cp4）	机器人走直线到达 cp4 点
16	PTP（ap0）	机器人回到 ap0 点
17	Lin（cp9）	机器人走直线到达 cp9 点
18	Circ（cp10，cp11）	机器人走第一个半圆弧
19	Circ（cp12，cp9）	机器人走第二个半圆弧
20	RefSys（World）	默认为世界坐标系
21	Tool（DefaultTool）	机器人切换为默认坐标系
22	PTP（ap0）	机器人回到 ap0 点
23	Lin（cp3）	机器人走直线到达 cp3 点
24	Lin（cp2）	机器人走直线到达 cp2 点
25	Lin（cp0）	机器人走直线到达 cp0 点
26	WaitIsFinished（）	机器人运动以及程序同步执行
27	bSigOut0.Set（FALSE）	信号 0 复位，放回胶枪
28	WaitTime（500）	等待 500 毫秒
29	Lin（cp1）	机器人走直线到达 cp1 点
30	PTP（ap0）	机器人回到 ap0 点

示教点坐标如下：

ap0	（a3：=90，a5：=90）
cp0	（x：=595，y：=−325，z：=300，a：=0，b：=180，c=0，mode：=−1）
cp1	（x：=595，y：=−325，z：=450，a：=0，b：=180，c=0，mode：=−1）
cp2	（x：=595，y：=−475，z：=300，a：=0，b：=180，c=0，mode：=−1）
cp3	（x：=595，y：=−475，z：=450，a：=0，b：=180，c=0，mode：=−1）
cp4	（x：=570，y：=−150，z：=307，a：=0，b：=180，c=0，mode：=−1）
cp5	（x：=570，y：=0，z：=37，a：=0，b：=180，c=0，mode：=−1）
cp6	（x：=420，y：=0，z：=307，a：=0，b：=180，c=0，mode：=−1）
cp7	（x：=420，y：=−150，z：=307，a：=0，b：=180，c=0，mode：=−1）
cp9	（x：=570，y：=75，z：=307，a：=0，b：=180，c=0，mode：=−1）

续表

cp10	(x: =495, y: =150, z: =307, a: =0, b: =180, c=0, mode: =−1)
cp11	(x: =420, y: =75, z: =307, a: =0, b: =180, c=0, mode: =−1)
cp12	(x: =495, y: =0, z: =307, a: =0, b: =180, c=0, mode: =−1)

五、程序调试及运行

步骤	操作说明	操作图示
1	加载程序后，单击底部的"设置PC"按钮，光标指针指向第一行	
2	使用钥匙在示教器上切换到手动运行模式，程序运行模式切换为单步运行，按住示教器上的使能键和 Start 键，单步调试程序	
3	单步调试无错误后，程序运行模式切换为连续运行，按住示教器上的使能键和 Start 键，使程序连续运行一遍	

续表

步骤	操作说明	操作图示
4	手动连续运行无错误后，可切换为自动连续运行模式，按下示教器上的 PWR 键，再按下 Start 键，程序即自动连续运行。需要停止程序运行时，按下 Stop 键；紧急情况下需要立即停止机器人运行时，按下紧急停止按键	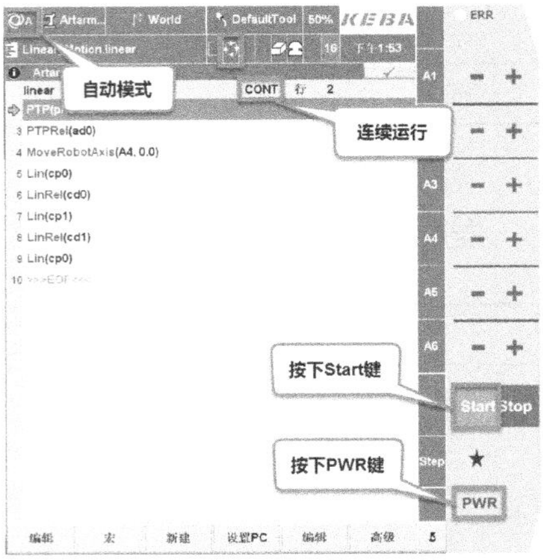

📖 任务考核和评价

知识考核

一、填空题

1. 圆弧指令使机器人 TCP 末端从起始位置沿_____点、_____点做圆弧运动。其中起始位置是上一个运动指令的目标位置或者当前机器人的_____位置。

2. vel、acc、dec、jerk 这 4 个参数分别表示在自动运行模式下_____、_____、_____和_____。

3. WaitTime 用于设置机器人等待时间，时间单位为_____。

4. PTP 指令共有三个参数可配置，分别是_____、_____、_____。

二、思考题

1. 解释 LinRel 指令，并说出 LinRel 指令与 Lin 指令的区别。

2. 如何获取示教点的坐标位置？请列举几种方法并简要叙述操作过程。

知识评价

见表 2.2.1。

表 2.2.1　知识评价

序号	评价标准	自评 20%	互评 20%	教师评 60%
1	填空题，每空 2 分，共 22 分			
2	思考题 1 评分细则： ① 能准确解释 LinRel 指令的功能，语言表达清晰，酌情给分，最多 14 分； ② 能够准确描述 LinRel 指令与 Lin 指令的区别，酌情给分，最多 14 分			

续表

序号	评价标准	自评 20%	互评 20%	教师评 60%
3	思考题 2 评分细则： ① 能准确给出获取示教点的坐标位置的方法并能够准确描述出操作过程，酌情给 25～50 分； ② 能给出获取示教点的坐标位置的方法，并简单描述出操作过程，酌情给 10～24 分； ③ 能描述出接近实际情况的答案，酌情给 1～9 分			

技能考核

1. 完成绘制矩形轨迹的操作任务，并把操作步骤写下来。

2. 编写程序，使机器人 TCP 点运行轨迹为一个半径为 100 的圆形，并在仿真软件上调试运行。

技能评价

见表 2.2.2。

表 2.2.2　技能评价

序号	评价细则	自评 20%	互评 20%	教师评 60%
1	技能考核题 1 评分细则： ① 能正确完成矩形轨迹的程序设计，并正确调试运行，操作熟练，步骤完整，酌情给 25～50 分； ② 能完成矩形轨迹的程序设计和调试操作，操作不熟练，步骤欠完整，酌情给 15～24 分； ③ 只会程序设计，不会调试运行（或与之相反的情况），操作熟练，酌情给 5～14 分； ④ 只会程序设计，不会调试运行（或与之相反的情况），操作不熟练，酌情给 1～4 分； ⑤ 不会操作，没写步骤，0 分			
2	技能考核题 2 评分细则： ① 能正确编写程序，并能熟练进行调试，步骤准确完整，酌情给 25～50 分； ② 能够完成程序设计，能够进行程序调试，实现效果，操作欠熟练，撰写步骤准确完整，酌情给 15～24 分； ③ 在有提示情况下能操作完成，实现效果，能把步骤撰写清楚，酌情给 1～14 分； ④ 有提示的情况下还不会操作，撰写不出报告，0 分			

🌱 任务拓展

车身涂胶机器人能利用精准的控制技术精确控制供胶流量，涂胶质量好；能够实现在线更换胶桶且不影响生产，能根据生产节奏和场地条件定制最佳解决方案，充分满足工艺要求。涂胶机器人报警系统完善，能够及时提示断胶、溢胶和少胶质量问题；当系统压力出现异常、胶管堵塞及加热系统不正常时，它会立即报警并自动停止工作。图 2.2.1 所示为涂胶机器人在工作。

图 2.2.1 涂胶机器人在工作

与人工涂胶对比，涂胶机器人涂胶质量优势显著，但涂胶机器人必须正确操作才能保质保量完成涂胶任务，在使用过程中必须注意以下几点：

（1）固定胶枪应使用用户坐标系，机器人 TCP 速度才能真实反映涂胶速度。

（2）涂胶速度不宜太快或波动太大，轨迹尽量平滑，涂胶质量才能得到保证。

（3）胶枪枪头粗细、涂胶机最大流量和机器人涂胶行走速度需要根据大量经验来进行调试优化，涂胶质量优化也是从这三个方面进行。

（4）涂胶机调试过程中要严格按照说明书中时序图进行控制，起始速度必须严格按照说明要求设定，质量才可得到保证。

任务三　编写机器人运行复合轨迹的程序

学习目标

① 培养学生肯于钻研的敬业精神。

② 掌握 ovl 逼近参数、CALL 指令、LOOP 指令的功能及设置方法。

③ 能熟练完成机器人 3D 模型的创建、工程下载、系统仿真运行任务。

④ 能熟练进行机器人示教，快速建立相关变量。

⑤ 能够完成复杂轨迹程序的编写和调试任务。

任务描述

[教学设计]

本任务的教学过程设计是根据工业现场情景中工程技术人员要完成的"工程下载到控制

器→连接系统仿真→抓取胶枪工具→设置工具坐标系→复杂轨迹运动编程→放胶枪工具"的操作任务展开，把知识点和技能训练融入任务实施中，让学生在操作中理解各指令的功能并习得操作技能。

[教学重点]

本任务的教学重点在运动逼近参数设置使用及 LOOP 指令的应用，在教学过程中要让学生反复练习。

[教学难点]

运动逼近参数分为绝对逼近参数和相对逼近参数，这两种参数的功能和设置方法不同，学生很难区分。在实际教学中可进行对比演示操作，另给 5 分钟自由练习和巩固知识的时间。

[设备与工具]

电脑、KEBA 工业机器人控制器、KEBA 工业机器人示教器、KeMotion3 03.16a 软件。

❋ 任务实施

一、I/O 配置及工程下载到控制器

将配置好紧急停止按键和使能键 I/O 的示例工程下载到控制器，详细操作步骤请参照项目一中的任务三工程下载操作，此处略。

二、连接系统仿真

具体操作步骤请参照项目二的任务二连接系统仿真，此处略。

三、轨迹编程及调试

1. 基本指令应用

步骤	操作说明	操作图示
1	设置 ovl 指令，该指令用于配置机器人运动逼近参数，包括绝对逼近参数 OVLABS 和相对逼近参数 OVLREL。绝对逼近参数定义了机器人运动逼近可以允许的最大偏差。相对逼近参数定义了机器人运动逼近的百分比	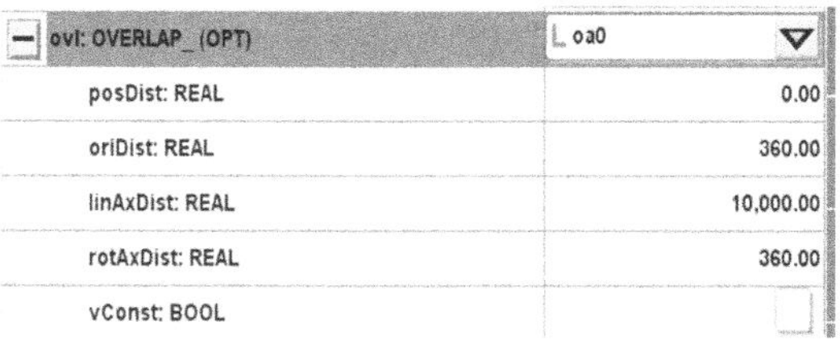
2	CALL 调用，调用其他程序作为子程序，被调用的程序必须和主程序在同一项目中	例如：需要调用的程序为 test，在程序中生成指令为： CALL test（）

3	WHILE ... DO ...
	END_WHILE 指令：
	在满足循环控制条件的时候循环执行子语句。循环控制表达式必须是 BOOL 类型
		例如：
		WHILE TRUE DO
		  PTP（ap0）
		  PTP（ap1）
		END_WHILE

图示内容（步骤1）：

ovl: OVERLAP_ (OPT)	∟ oa0
posDist: REAL	0.00
oriDist: REAL	360.00
linAxDist: REAL	10,000.00
rotAxDist: REAL	360.00
vConst: BOOL	

续表

步骤	操作说明	操作图示

4	LOOP...DO...
	END_LOOP 指令：
	循环次数控制指令
		例如：
		LOOP 10 DO
		    PTP（ap0）
		    PTP（ap1）
		END_LOOP

5	RUN ...，KILL ...指令：
	调用同一个项目中的用户程序，该程序与主程序平行运行，所调用的程序必须用 KILL 指令终止
		例如：
		RUN test
		    PTP（ap0）
		    PTP（ap1）
		KILL test

2.添加程序

步骤	操作说明	操作图示
1	在示教器项目管理菜单中新建项目 fzgi 和程序 PickTool，单击"加载"	
2	加载程序 PickTool 后，出现程序编辑界面，此时即可添加程序指令	
3	编写好的程序界面	

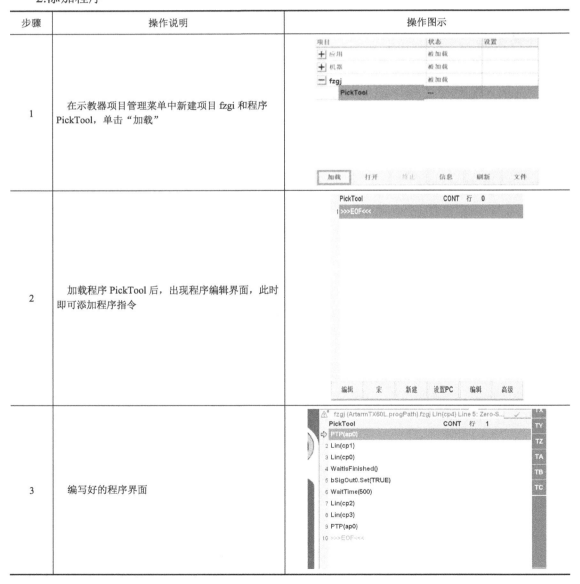

续表

步骤	操作说明	操作图示
4	在项目 fzgi 中新建程序 PutTool	
5	添加指令，完成指令编写	
6	设置工具坐标系： ① 新建工具坐标系变量； ② 手动输入工具坐标系位置坐标； ③ TCP 切换到胶枪末端	
7	编写复杂涂胶轨迹程序： 在项目 fzgi 中新建程序 fzgi，加载程序 fzgi，在程序编辑界面添加程序指令	

示教点坐标：

cp4	（x：=570，y：=−150，z：=307，a：=0，b：=180，c=0，mode：=−1）
cp5	（x：=570，y：=150，z：=37，a：=0，b：=180，c=0，mode：=−1）
cp6	（x：=420，y：=150，z：=307，a：=0，b：=180，c=0，mode：=−1）
cp7	（x：=420，y：=−150，z：=307，a：=0，b：=180，c=0，mode：=−1）
cp8	（x：=495，y：=−225，z：=307，a：=0，b：=180，c=0，mode：=−1）

程序调试及运行具体操作步骤请参照矩形轨迹编程的程序调试及运行。

任务考核和评价

知识考核

一、选择题

1. 以下叙述正确的是（　　　）。

　　A. 绝对逼近参数定义了机器人运动逼近可以允许的最小偏差

　　B. posDist 表示当 TCP 点距离目标位置的值等 posDist 时，机器人轨迹开始动态逼近

　　C. 相对逼近参数是指对由上一个移动命令向下一个移动命令过渡时的运动距离的设置

　　D. 相对逼近参数的值是百分比

2. 关于 CALL 指令描述不正确的是（　　　）。

　　A. 能够调用其他程序作为子程序

　　B. 被调用的程序必须和主程序在同一项目中

　　C. 调用子程序形式为"CALL +子程序名称"

　　D. 可以调用任意项目中的子程序

3. 对下述系统指令描述错误的是（　　　）。

　　A. CALL：调用一个子程序

　　B. WAIT：等待条件

　　C. LOOP ... DO ... END_LOOP ：循环次数控制

　　D. RUN ：循环运行并行程序

4. WHILE 指令在满足循环控制条件的时候（　　　）执行子语句。

　　A. 跳转

　　B. 判断

　　C. 循环

　　D. 等待

二、思考题

1. 举例说明 WHILE 指令和 LOOP 指令的作用，并阐述两者的区别。

2. 简述绝对逼近参数和相对逼近参数在功能和设置方法上的不同。

知识评价

见表 2.3.1。

表 2.3.1　知识评价

序号	评价标准	自评 20%	互评 20%	教师评 60%
1	选择题，每题 5 分，共 20 分			
2	思考题 1 评分细则： ① 能准确描述出 WHILE 指令和 LOOP 指令的作用，并能准确阐述两者的区别，酌情给 25~50 分； ② 能简单描述出 WHILE 指令和 LOOP 指令的作用，能阐述两者的区别，酌情给 10~24 分； ③ 能描述出接近实际原因的答案，酌情给 1~9 分			
3	思考题 2 评分细则： ① 能准确描述绝对逼近参数和相对逼近参数功能的不同，能准确进行设置，语言表达清晰，操作熟练，酌情给 25~50 分； ② 能简单描述绝对逼近参数和相对逼近参数功能的不同，能够进行参数设置，但不够熟练，酌情给 10~24 分； ③ 能描述出接近实际原因的答案，酌情给 1~9 分			

技能考核

1. 编写机器人抓取胶枪的程序，并完成程序的手动单步调试和手动连续调试。

2. 如图 2.3.1 所示，让胶枪沿着工作台上的边框运行一个完整的矩形轨迹（在 scope 模型中的矩形轨迹四个顶点位置如图 2.3.1 所示），在矩形的第②个点加入绝对逼近参数（posDist 参数设置为 100），在矩形的第③个点加入相对逼近参数（相对逼近值设置为 100）。

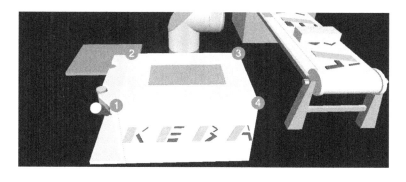

图 2.3.1　胶枪运行轨迹

技能评价

见表 2.3.2。

表 2.3.2　技能评价

序号	评价细则	自评 20%	互评 20%	教师评 60%
1	技能考核题 1 评分细则： ① 能准确添加胶枪工具的程序指令，并能够正确完成调试与运行，操作熟练，步骤完整，酌情给 25～50 分； ② 能完成胶枪工具的程序设计和调试操作，操作不熟练，简述的步骤欠完整，酌情给 15～24 分； ③ 只会胶枪工具，不会调试运行（或与之相反的情况），操作熟练，酌情给 5～14 分； ④ 只会程序设计，不会调试运行（或与之相反的情况），操作不熟练，酌情给 1～4 分； ⑤ 不会操作，没写步骤，0 分			
2	技能考核题 2 评分细则： ① 能够正确编写程序，并能熟练进行调试，实现效果，步骤准确完整，酌情给 25～50 分； ② 能够完成程序设计，能够进行程序调试，实现效果，操作欠熟练，步骤准确完整，酌情给 15～24 分； ③ 在有提示情况下能操作完成，实现效果，能把步骤写清楚，酌情给 1～14 分； ④ 有提示的情况下还不会操作，撰写不出报告，0 分			

🌱 任务拓展

一、系统指令

1. WAIT...

等待指令。当 WAIT 表达式的值为 TRUE 时，下一步指令就会执行，否则程序会一直等待，直到表达式为 TRUE 为止。

2. IF ... THEN ... END_IF，ELSIF ... THEN，ELSE

IF 指令用于条件跳转控制。例如：

```
IF x<100 THEN
    y: =10
ELSIF x<400 THEN
    y: =20
ELSIF x<900 THEN
    y: =30
ELSE
    y: =40
END_IF
```

3. RETURN

该指令用于终止正在调用的子程序，且返回主程序的调用位置继续往下运行。

4. GOTO ...，IF ...GOTO ...，LABEL ...

GOTO 指令用于跳转到程序不同部分，跳转目标通过 LABEL 指令定义。不允许从外部跳转进入内部程序块。

IF ...GOTO ...指令相当于一个缩减的 IF 程序块。IF 条件判断表达式必须是 BOOL 类型，假如条件满足，程序执行 GOTO 跳转命令，其跳转目标必须由 LABEL 指令定义。

LABEL 指令用于定义 GOTO 跳转目标。例如：

```
GOTO label99
    ...
LABEL label99
```

二、系统功能指令

1. ： =

给某变量赋值，左侧为变量，"：="为赋值语句，右侧为表达式。表达式的类型必须符合变量的数据类型。例如：

```
i : = 1
x : = (a +b) * 2
```

2. // ...

用于说明程序的用途，使用户容易读懂程序，注释行不会被执行。例如：

```
// Comment to the end of line
```

3. WaitTime

用于设置机器人的等待时间，时间单位为 ms。

4. Stop

该指令用于停止所有激活程序的执行。如果该指令不带参数，等同于按下了 KeTop 终端上的停止按钮。

5. Info

发出一个信息通知，信息显示在信息协议和报告协议的 Message 和 Message-Log 栏中。此外，有可能显示两个附加参数的任何类型信息，第一个参数使用 "%1" 作为占位符，第二个参数使用 "%2" 作为占位符。

Info 指令设置如图 2.3.2 所示，单步执行该指令在信息栏显示的信息如图 2.3.3 所示。

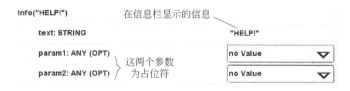

图 2.3.2　Info 指令设置

图 2.3.3　信息显示

6. Warning

Warning 指令的功能是发出一条警告信息，其指令设置、信息显示与 Info 指令类同。Warning 指令设置如图 2.3.4 所示。

Warning("It is dangerous!")	
text: STRING	"It is dangerous!"
param1: ANY (OPT)	no Value ▽
param2: ANY (OPT)	no Value ▽

图 2.3.4　Warning 指令设置

7. Error

Error 指令的功能是发出一条错误信息。错误信息会导致程序停止，错误必须被确认后程序才可以继续执行。Error 指令的设置、信息显示与 Info 指令类同。

8. Random

Random 指令的功能是产生一个随机数。其指令参数 minVal 规定产生随机数的最小值，maxVal 规定产生随机数的最大值。

项目三　创建工业机器人坐标系

任务一　创建工业机器人参考坐标系

学习目标

① 培养空间思维能力；
② 了解参考坐标系的原理；
③ 了解系统中参考坐标系的变量；
④ 能熟练操作示教器，利用三点法标定参考坐标系；
⑤ 在编程时能熟练使用指令切换不同的坐标系。

任务描述

[教学设计]

本任务的教学过程设计是根据工业现场情景中工程技术人员需要完成的工作任务"登录示教器→创建参考坐标系→利用三点示教法标定参考坐标系"而展开，把知识点和技能训练融入任务实施中，让学生在操作中理解各功能键在实际使用中能实现的作用，习得操作技能。

[教学重点]

本任务的教学重点在于理解设置参考坐标系的作用和操作方法，这对于在实际生产中的应用非常重要，因此在教学过程中要让学生反复练习。

[教学难点]

三点确定一个平面，平面与垂直于该平面的轴即可确定一空间立体坐标系。如何根据实际需要合理设置参考坐标系是本任务的难点。可以在教学过程中讲解完参考坐标系的原理之后，虚拟设置不同应用场合，举一反三，培养学生空间思维能力。

[设备与工具]

电脑、KEBA 工业机器人控制器、KEBA 工业机器人示教器、KeMotion3 03.16a 软件。

任务实施

一、了解参考坐标系

在机器人的某一个位置上参照世界坐标系创建一个参考坐标系，其目的是使机器人的手动运行以及编程设定的位置均以该坐标系为参照。工件支座、工作台的边缘、货盘及机器的外缘等均可作为参考坐标系中的参照点。例如图 3.1.1 中，机器人需要把工作平面上的工件抓起后放置在托盘上，如果机器人程序中的工件抓取位置以世界坐标系为参照，那么工作平面移动后，平面上的工件也会跟着移动，此时需要重新示教工件的抓取位置才能准确抓取工件；如果在工作平面上创建一个参考坐标系，并且机器人程序中的工件抓取位置以该参考坐标系为参照，那么工作平面移动后，只需要重新设定参考坐标系的位置，而不需要重新示教工件抓取位置就可以准确地抓取工件了。

图 3.1.2 中以参考坐标系 crs1 为参照，对工件 A 进行轨迹编程，如果要对和工件 A 一样的工件 B 进行轨迹编程，只需在工件 B 上创建一个参考坐标系 crs2，将工件 A 的程序复制一份，把程序中的参考坐标系 crs1 更新为 crs2 即可，无须再重新示教编程了。

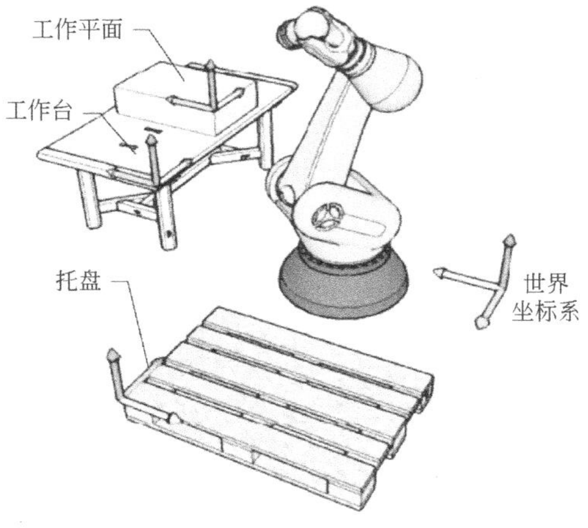

图 3.1.1 参考坐标系的修正

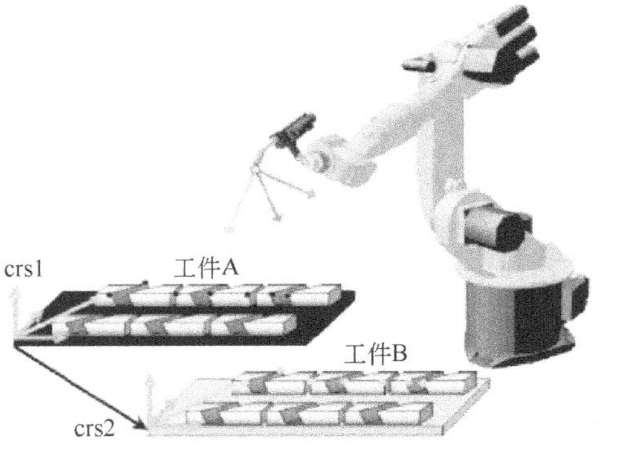

图 3.1.2 参考坐标系的推移

图 3.1.3 中的参考坐标系创建在倾斜的工件平面上。在手动运行模式下，选择参考坐标点动方式，机器人工具末端的 TCP 可以沿着倾斜的参考坐标系方向移动。

二、设置参考坐标系指令

RefSys 为设置参考坐标系指令，通过该指令可以为后续运行的位置指令设定一个新的参考坐标系。如果程序中没有设定参考坐标系，系统默认参考坐标系为世界坐标系。参考坐标系常用的类型是 CARTREFSYS 和 CARTREFSYSVAR。其中 CARTREFSYS 类型参考坐标

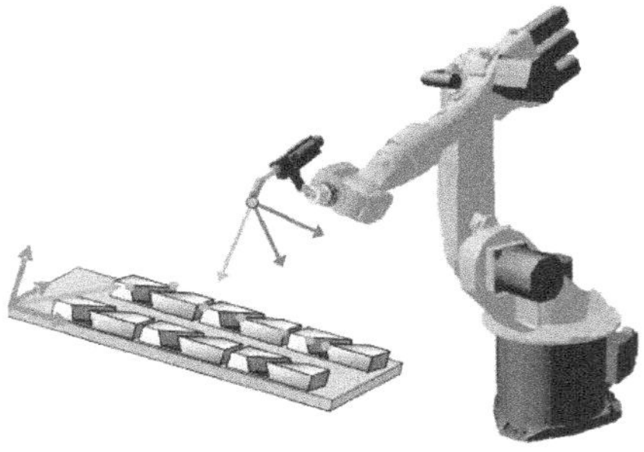

图 3.1.3 机器人沿工件边缘移动

系的主要参数是 baseRefSys，即所要建立的参考坐标系是参照哪个坐标系建立的，参数 x、y、z 分别是相对于基坐标系的位置偏移，a、b、c 是相对于基坐标系的姿态，如图 3.1.4 所示。

图 3.1.4　CARTREFSYS 类型参考坐标系的参数设置

CARTREFSYSVAR 类型参考坐标系的坐标原点值可由 PLC 程序实时动态更新。

另外还有 Workpiece 指令，用来设置工件的操作点，该操作点可相对 TCP 进行偏移。

三、创建参考坐标系

步骤	操作说明	操作图示
1	① 单击"Menu"菜单按键； ② 单击变量管理图标； ③ 单击"变量监测"，进入变量监测界面	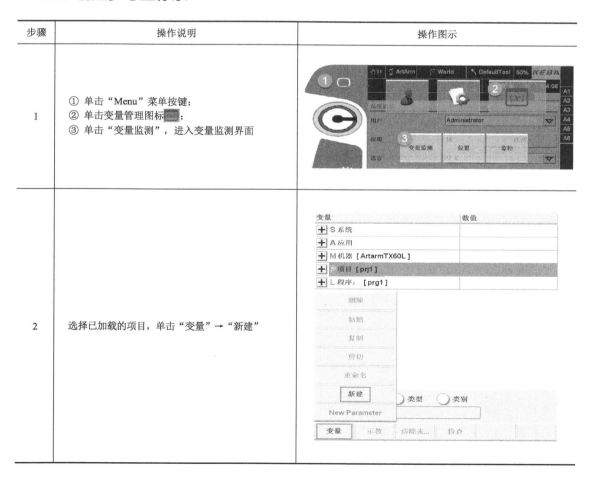
2	选择已加载的项目，单击"变量"→"新建"	

续表

步骤	操作说明	操作图示
3	在"坐标系统和工具"中选择"CARTREFSYS"，名称采用默认的 crs0，也可以用其他自定义的名称，单击"确认"	
4	参考坐标系 crs0 创建成功后，可以看到已经显示在 P 项目[prj1]下	

四、利用三点法（含原点）示教参考坐标系

步骤	操作说明	操作图示
1	① 单击"Menu"菜单按键； ② 单击选择变量管图标； ③ 单击打开"对象坐标系"，进入对象坐标系界面	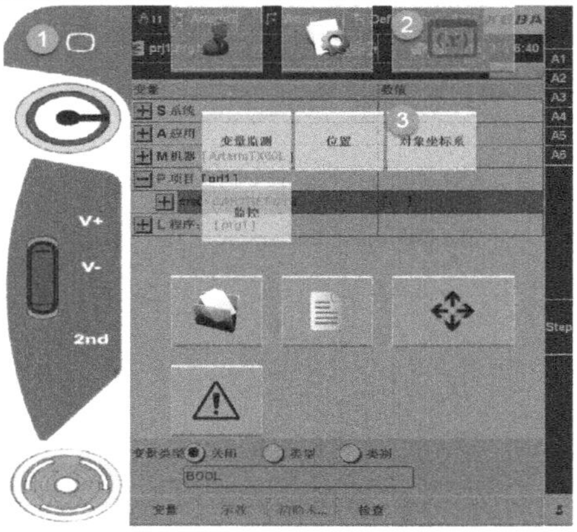

续表

步骤	操作说明	操作图示
2	从对象坐标系下拉框中选择参考坐标系 Pprj1.crs0，单击底部的"设置"按钮示教参考坐标系	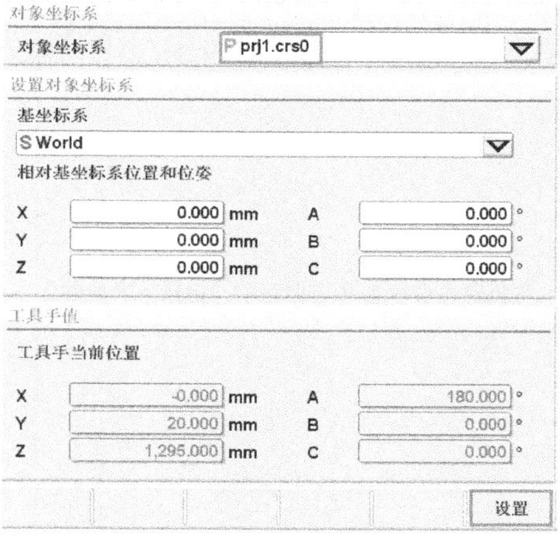
3	在"示教法"中，选择第一种方法"3 点法"，然后单击"向后"	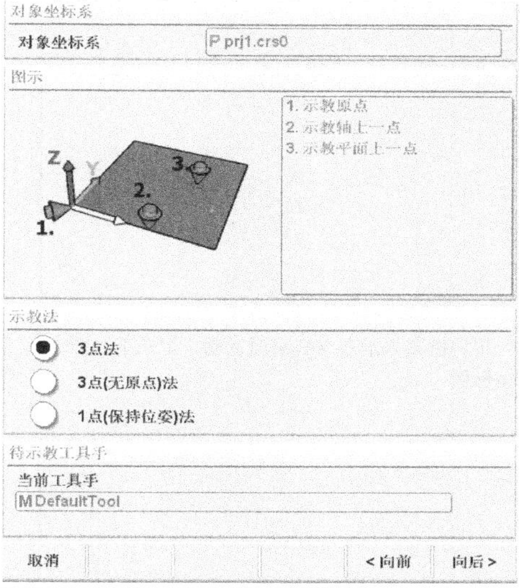
4	首先示教原点的坐标	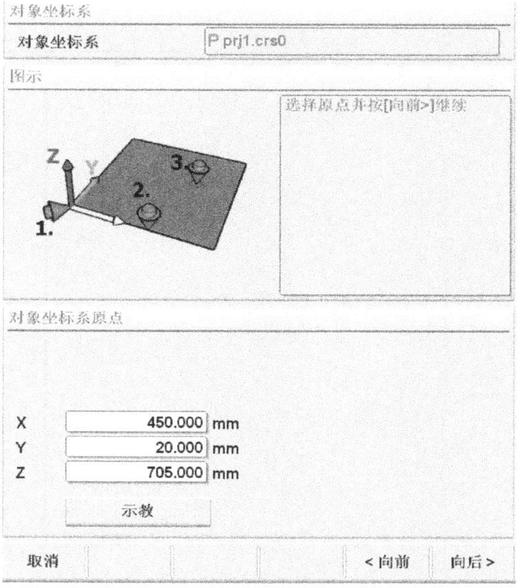

续表

步骤	操作说明	操作图示
5	将机器人沿着 X 轴方向运动，记录下当前的坐标值	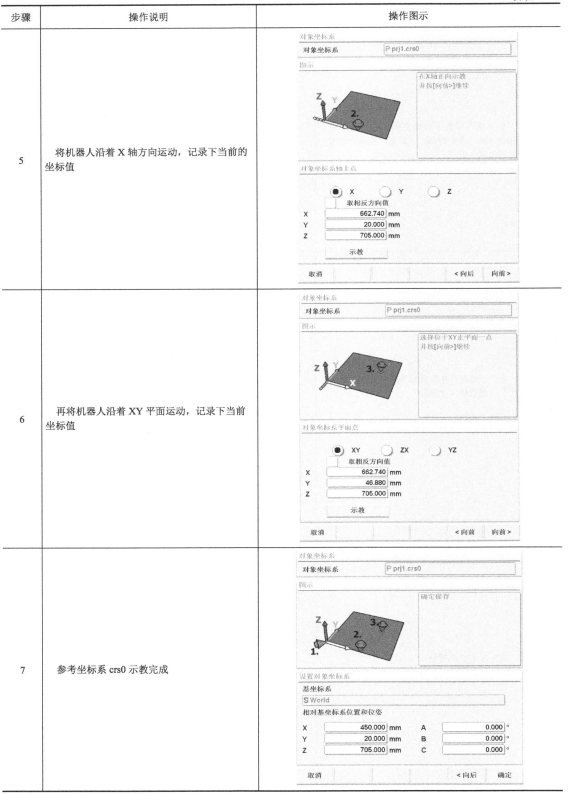
6	再将机器人沿着 XY 平面运动，记录下当前坐标值	
7	参考坐标系 crs0 示教完成	

续表

步骤	操作说明	操作图示
8	在坐标显示对话框中，把坐标系切换为参考坐标系 crs0，单击底部的"crs0"按钮，选择参考坐标点动方式，将机器人移动到参考坐标系 crs0 的原点	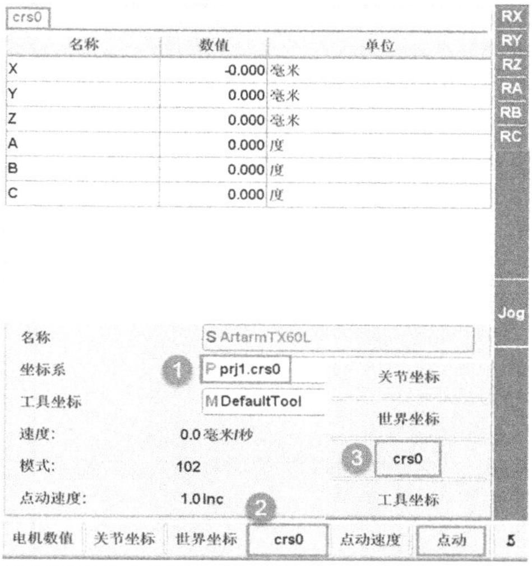 

五、利用三点法（无原点）示教参考坐标系

步骤	操作说明	操作图示
1	① 单击"Menu"菜单按键； ② 单击选择变量管理图标； ③ 单击打开"对象坐标系"，进入对象坐标系界面	
2	从对象坐标系下拉框中选择参考坐标系 Pprj1.crs0，单击底部的"设置"按钮	

续表

步骤	操作说明	操作图示
3	在"示教法"中，选择第二种方法"3点（无原点）法"，然后单击"向后"	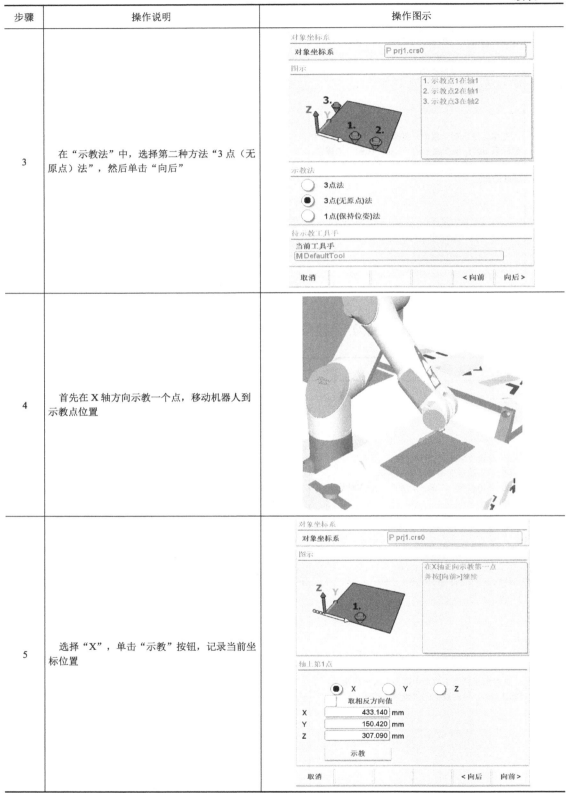
4	首先在X轴方向示教一个点，移动机器人到示教点位置	
5	选择"X"，单击"示教"按钮，记录当前坐标位置	

续表

步骤	操作说明	操作图示
6	示教在 X 轴方向上的第二个点，移动机器人到示教点位置	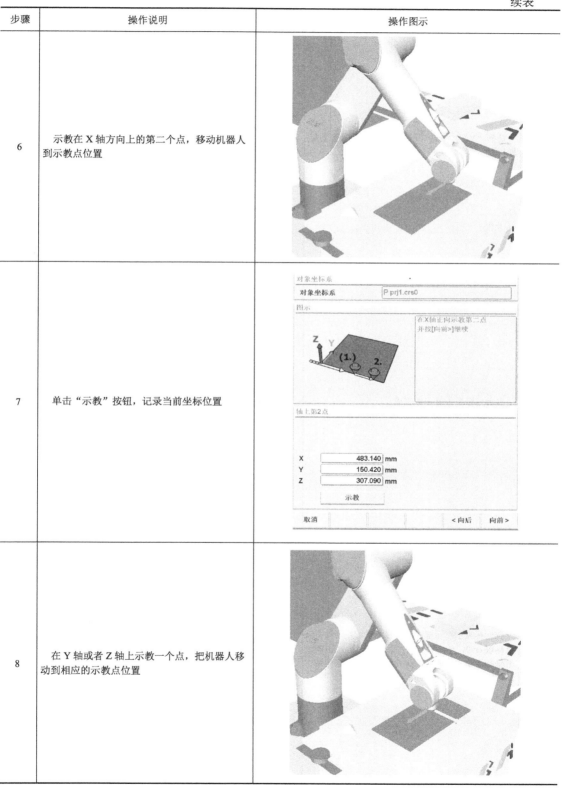
7	单击"示教"按钮，记录当前坐标位置	
8	在 Y 轴或者 Z 轴上示教一个点，把机器人移动到相应的示教点位置	

步骤	操作说明	操作图示
9	选择"Y",单击"示教"按钮,记录当前坐标位置	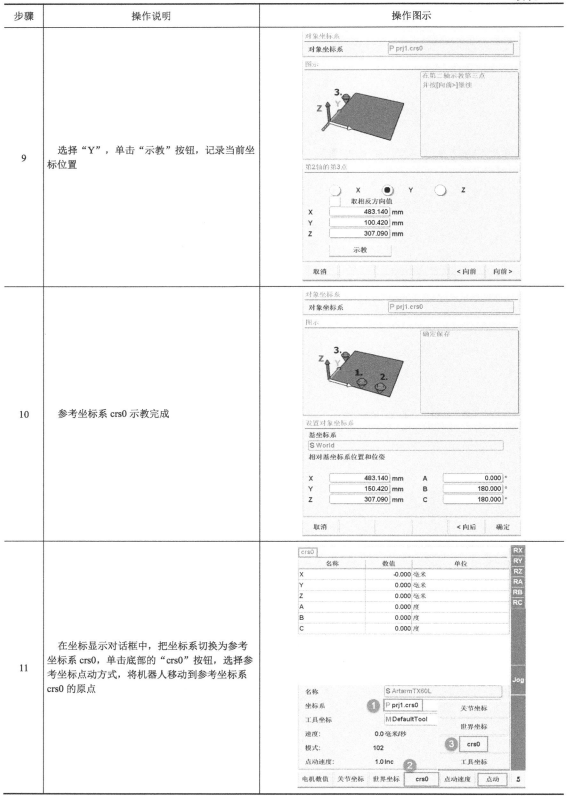
10	参考坐标系 crs0 示教完成	
11	在坐标显示对话框中,把坐标系切换为参考坐标系 crs0,单击底部的"crs0"按钮,选择参考坐标点动方式,将机器人移动到参考坐标系 crs0 的原点	

续表

步骤	操作说明	操作图示
12	此时机器人移动到在 X 轴方向上的第二个示教点	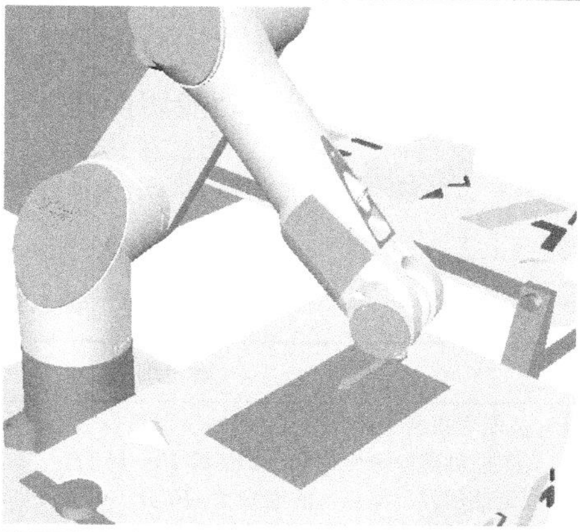

📑 任务考核和评价

知识考核

一、填空题

1. 切换到设置的参考坐标系后, 机器人工具末端的 TCP 将以_____为原点。

2. 利用_____指令可设置一个新的参考坐标系。

3. 利用三点法示教参考坐标系, 首先要示教出_____的坐标。

4. 参考坐标系是基于_____坐标系的。

二、思考题

1. 设置参考坐标系的目的是什么?

2. 设置参考坐标系对于我们编程有什么样的方便之处? 举例需设置参考坐标系的场合。

知识评价

见表 3.1.1。

表 3.1.1 知识评价

序号	评价标准	自评 20%	互评 20%	教师评 60%
1	填空题, 每空 5 分, 共 20 分			
2	思考题 1 评分细则: 能准确回答参考坐标系的作用, 语言表达清晰, 酌情给分, 最多 30 分			
3	思考题 2 评分细则: ① 能说出设置参考坐标系对于编程有什么样的方便之处, 酌情给分, 最多 20 分; ② 能合理描述生产过程中的需设置参考坐标系的场合, 酌情给分, 最多 30 分			

技能考核

1. 写出利用三点示教法（含原点）示教新的参考坐标系的操作步骤。
2. 操作示教器，通过多功能切换键把坐标系设置成参考坐标系，写出操作步骤。

技能评价

见表 3.1.2。

表 3.1.2　技能评价

序号	评价细则	自评 20%	互评 20%	教师评 60%
1	技能考核题 1 评分细则： ① 能创建参考坐标系，酌情给 10～15 分； ② 能示教出原点，酌情给 5～10 分； ③ 能示教出 XY 平面，酌情给 5～10 分； ④ 能切换到新的参考坐标系，酌情给 10～15 分； ⑤ 不会操作，没写步骤，0 分			
2	技能考核题 2 评分细则： ① 熟练操作多功能切换键选择正确的切换坐标系选项，熟悉切换为参考坐标系的操作步骤，撰写的步骤完整准确，酌情给 30～50 分； ② 能操作多功能切换键选择正确的切换坐标系选项，操作步骤正确，撰写的步骤完整，酌情给 10～30 分； ③ 需要提示才能完成任务操作步骤，撰写操作步骤不全，酌情给 1～10 分； ④ 有提示的情况下还不会操作，撰写不出报告，0 分			

🌱 任务拓展

参考坐标系一点（保持姿态）示教法。

步骤	操作说明	操作图示
1	① 单击"Menu"按键； ② 单击选择变量管理图标 ； ③ 单击"对象坐标系"，进入对象坐标系界面	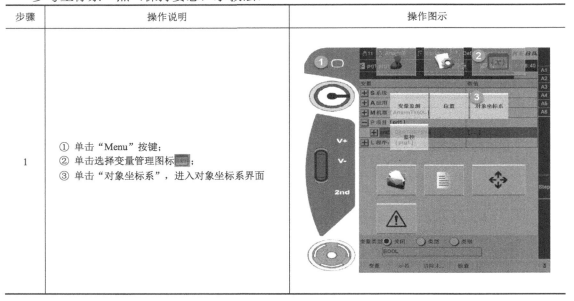

续表

步骤	操作说明	操作图示
2	从对象坐标系下拉框中选择参考坐标系 Pprj1.crs0，单击底部的"设置"按钮	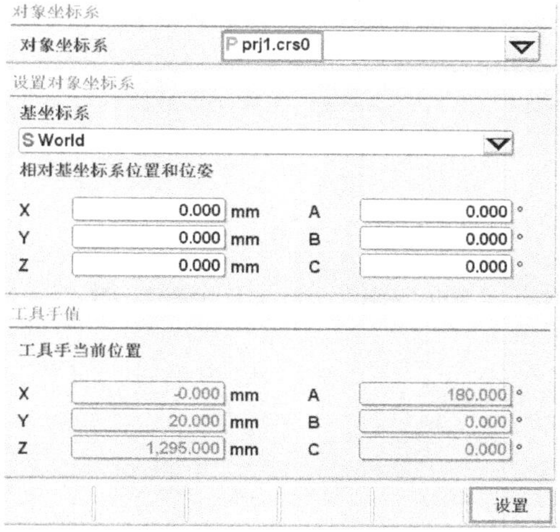
3	在"示教法"中，选择第三种方法"1 点（保持位姿）法"，然后单击"向后" 注：此方法只需示教一个原点，参考坐标系姿态与基坐标一致	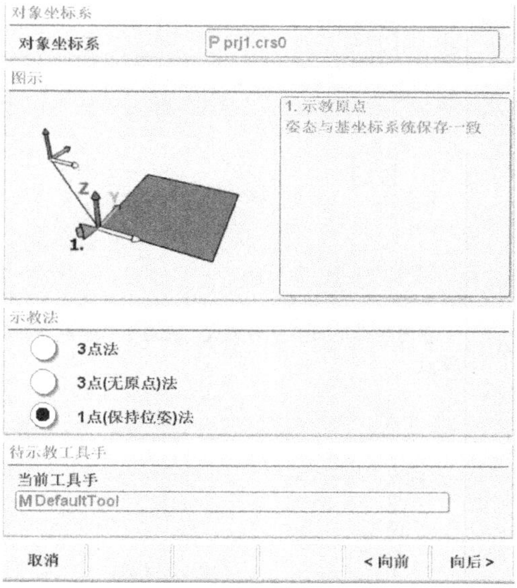
4	将机器人移动到期望的参考坐标系的原点	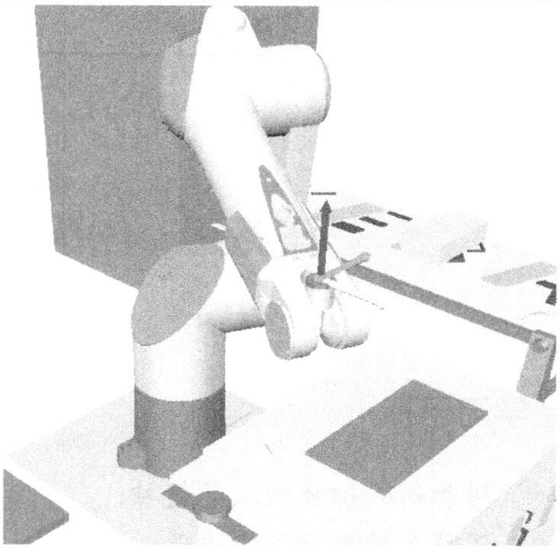

续表

步骤	操作说明	操作图示
5	单击"示教"按钮，记录当前坐标位置	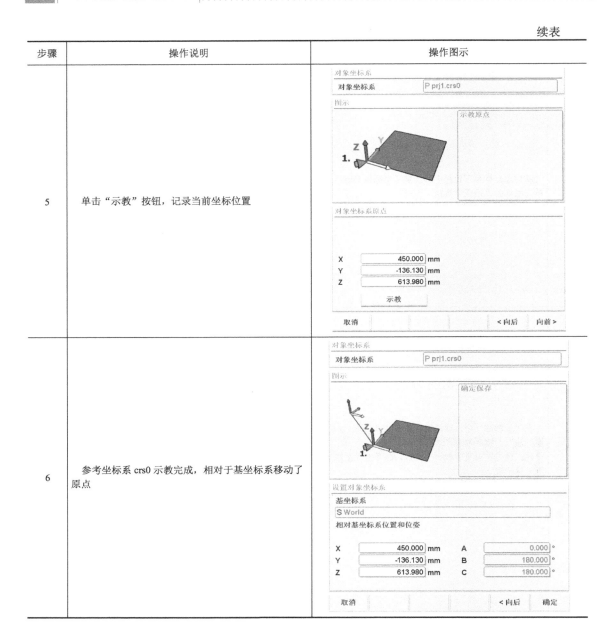
6	参考坐标系 crs0 示教完成，相对于基坐标系移动了原点	

任务二　创建工业机器人工具坐标系

📚 **学习目标**

① 培养耐心细致的工匠精神；
② 了解工具坐标系的原理；

③ 了解工具坐标系的参数设置；
④ 能熟练用示教器设定工具坐标系；
⑤ 能熟练使用指令切换不同坐标系，模拟 TCP 标定程序的编写及运行。

任务描述

[**教学设计**]

本任务的教学过程设计是根据工业现场情景中工程技术人员需要完成的工作任务来展开：登录示教器→创建工具坐标系→将机器人的 TCP 末端以不同的姿态示教到示教物体处→操作时利用指令切换不同的工具坐标，把知识点和技能训练融入任务实施中。

[**教学重点**]

本任务的教学重点在于理解设置工具坐标系的作用，掌握操作方法，这对于在实际生产中的应用以及后续的简化编程非常重要。

[**教学难点**]

将机器人的 TCP 末端以不同的姿态示教到示教物体处，在实操过程中三种姿态的变化不明显，较难完成，在此工作过程中要培养学生耐心、细致的精神。

[**设备与工具**]

电脑、KEBA 工业机器人控制器、KEBA 工业机器人示教器、KeMotion3 03.16a 软件。

任务实施

一、了解工具坐标系的示教

工具坐标系用于描述安装在机器人上的工具（例如焊枪、吸盘等）的 TCP、质量、重心等参数数据。建立了工具坐标系后，机器人的控制点也转移到了工具的尖端点上，这样示教时可以利用控制点不变的特点，方便地调整工具姿态，并可使插补运算时的轨迹更为精确。所以，无论是什么机型、用于什么用途的机器人，只要安装的工具有个尖端，都要在示教程序前准确地建立工具坐标系。焊枪的工具坐标系的 TCP 一般设置在末端尖部（有时会设置 Z 轴方向偏离末端表面 3～5mm），吸盘的工具坐标系的 TCP 一般设置在接触面的中心，如图 3.2.1 所示。

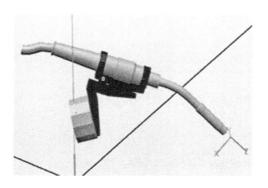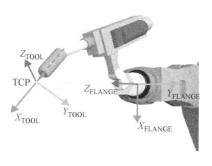

图 3.2.1　工具坐标系

　　工具坐标系的创建是在工作台上寻找一固定点作为参照点，以该参照点为原点来创建一个坐标系，然后机器人以不同的姿态接近该点，并保证在小范围内精确到达该点；到达该点的误差越小，表示设定的工具坐标系越准确。工具坐标系是一个直角坐标系（笛卡尔坐标系），其原点在工具上，总是随着工具的移动而移动。默认的工具坐标系的原点为工具中心点，即TCP，位于机器人安装法兰的中心。

　　利用 Tool 指令为机器人的工具（抓手）设置新的位置，设置后将变更机器人的作业范围。通过该指令可以修改机器人末端工作点，具体方法如下。

　　① 在示教器中加载一个程序，单击程序界面底部的"新建"按钮，选择并设置 Tool 指令，然后新建一个工具坐标系 t0，如图 3.2.2 所示。

　　② 单击"Menu"菜单按键→"变量管理"→"工具手示教"，进入工具手示教界面，如图 3.2.3，单击底部的"设置"按钮开始示教工具坐标系。

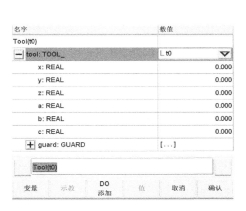

图 3.2.2　Tool 指令设置

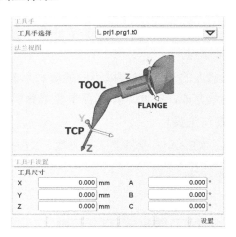

图 3.2.3　工具坐标系设置

　　③ 采用 3 点示教方法，选择"未知位置"，找到示教物体，将机器人的 TCP 点以不同的姿态示教到示教物体处，具体操作如图 3.2.4～图 3.2.7 所示。

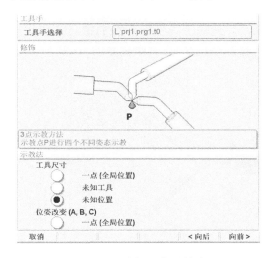

图 3.2.4　选择 3 点示教法

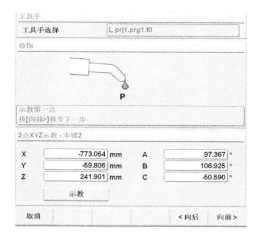

图 3.2.5　以第一种姿态示教固定点

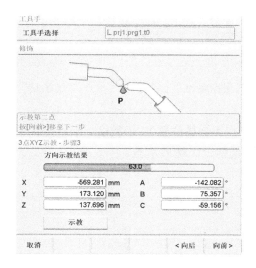

图 3.2.6　以第二种姿态示教固定点

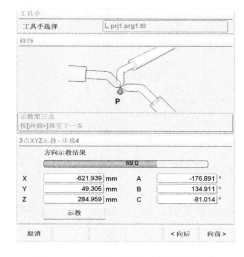

图 3.2.7　以第三种姿态示教固定点

④ 示教完成后工具坐标系 t0 如图 3.2.8 所示，运行 Tool（t0）指令后机器人末端位置的变化如图 3.2.9 所示。

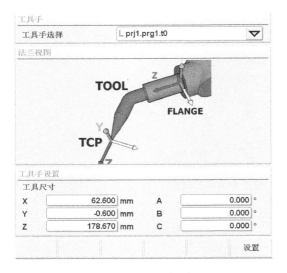

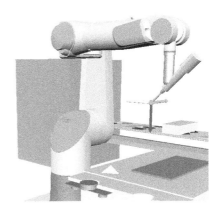

图 3.2.8　工具坐标系 t0　　　　　　　　图 3.2.9　机器人末端位置的变化

⑤ 选择位姿改变的"一点（全局位置）"示教法，示教坐标系的姿态，如图 3.2.10 所示。按照图 3.2.11 所示将工具垂直朝上，然后示教。

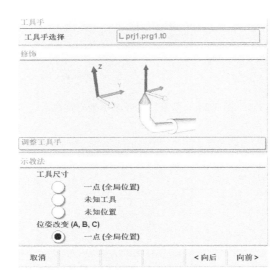

图 3.2.10　选择位姿改变的"一点（全局位置）"示教法

⑥ 工具坐标系 t0 的姿态示教完成，运行 Tool（t0）指令后机器人末端姿态的变化如图 3.2.12。

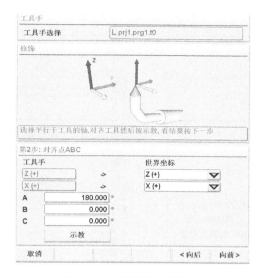

图 3.2.11 示教坐标系姿态

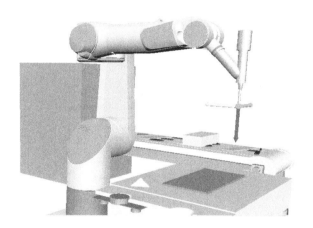

图 3.2.12 运行 Tool（t0）指令后机器人末端姿态的变化

二、配置机器人 I/O 信号并下载到控制器

机器人 I/O 信号配置见表 3.2.1。

表 3.2.1 机器人 I/O 信号配置

序号	信号名称	映射 I/O	说明
1	do_ConnectTool	DO0	工具抓取释放信号
2	do_EnableVacuum	DO1	吸盘真空信号

操作步骤如下。

步骤	操作说明	操作图示
1	打开计算机中的示例工程	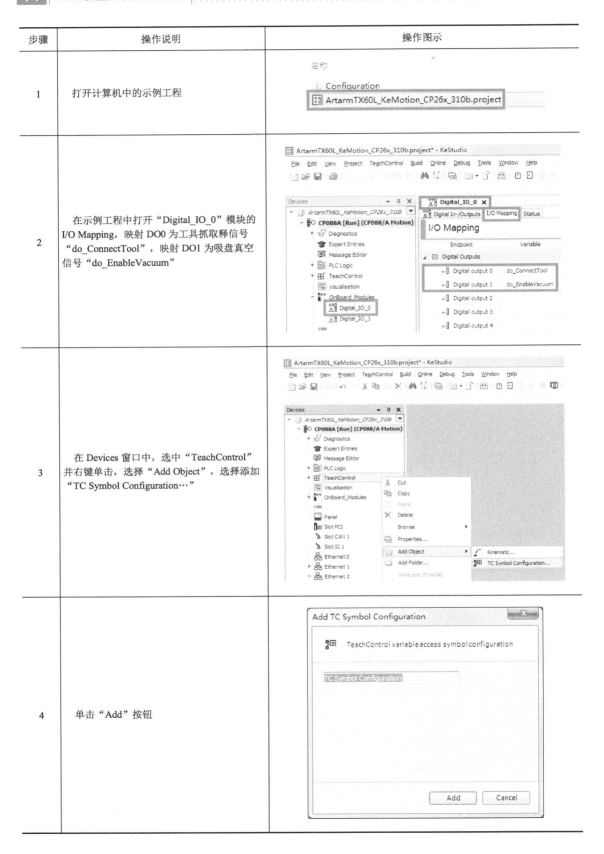
2	在示例工程中打开"Digital_IO_0"模块的 I/O Mapping，映射 DO0 为工具抓取释信号"do_ConnectTool"，映射 DO1 为吸盘真空信号"do_EnableVacuum"	
3	在 Devices 窗口中，选中"TeachControl"并右键单击，选择"Add Object"，选择添加"TC Symbol Configuration…"	
4	单击"Add"按钮	

续表

步骤	操作说明	操作图示
5	在"TC Symbol Configuration"窗口中，单击"Build"，勾选需要在示教器中显示的输出信号，编译无错误后保存系统工程	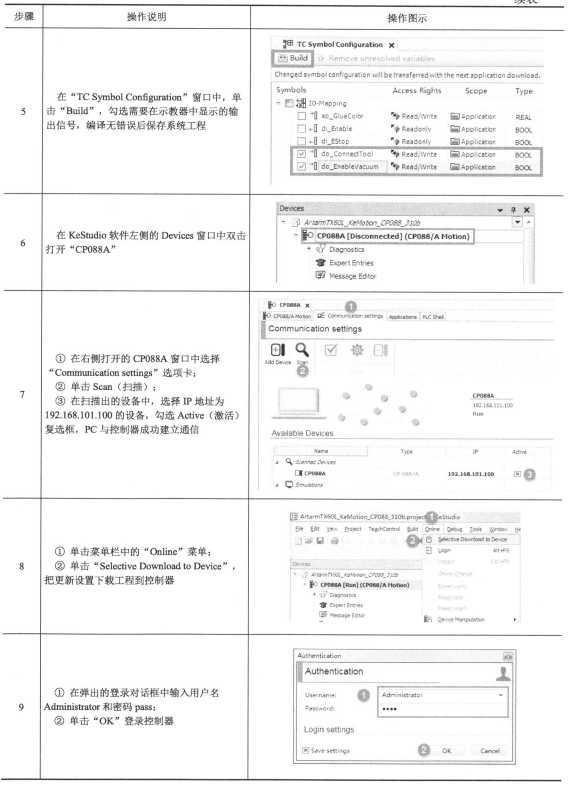
6	在 KeStudio 软件左侧的 Devices 窗口中双击打开"CP088A"	
7	① 在右侧打开的 CP088A 窗口中选择"Communication settings"选项卡； ② 单击 Scan（扫描）； ③ 在扫描出的设备中，选择 IP 地址为 192.168.101.100 的设备，勾选 Active（激活）复选框，PC 与控制器成功建立通信	
8	① 单击菜单栏中的"Online"菜单； ② 单击"Selective Download to Device"，把更新设置下载工程到控制器	
9	① 在弹出的登录对话框中输入用户名 Administrator 和密码 pass； ② 单击"OK"登录控制器	

续表

步骤	操作说明	操作图示
10	① 把需要修改的配置勾选上； ② 单击"OK"将工程下载到控制器	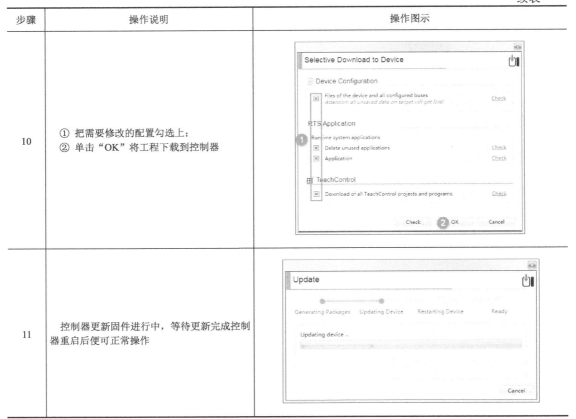
11	控制器更新固件进行中，等待更新完成控制器重启后便可正常操作	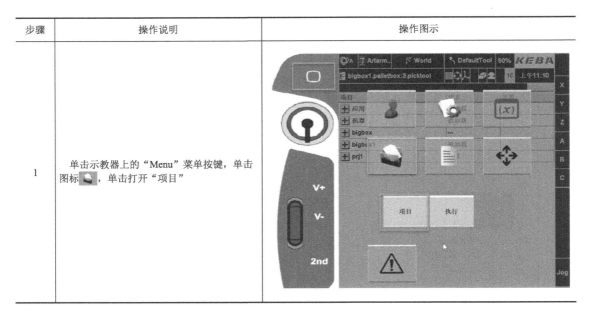

三、创建工具坐标系

步骤	操作说明	操作图示
1	单击示教器上的"Menu"菜单按键，单击图标 ，单击打开"项目"	

续表

步骤	操作说明	操作图示
2	在界面中单击"文件"→"新建项目"	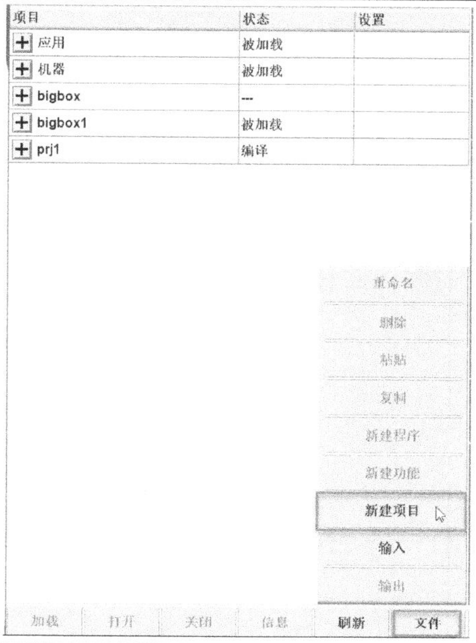
3	输入项目名称和程序名称,单击"√"按钮确认	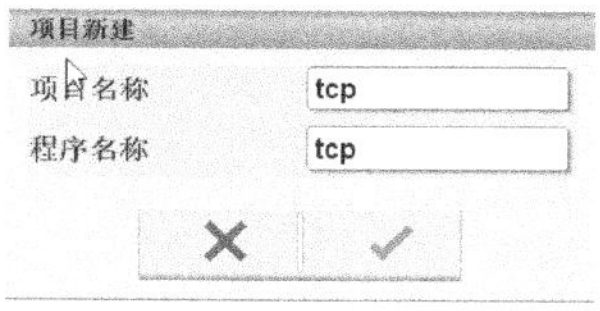
4	选择新建的项目,单击"加载"按钮;一次只能加载一个项目,其他项目必须关闭	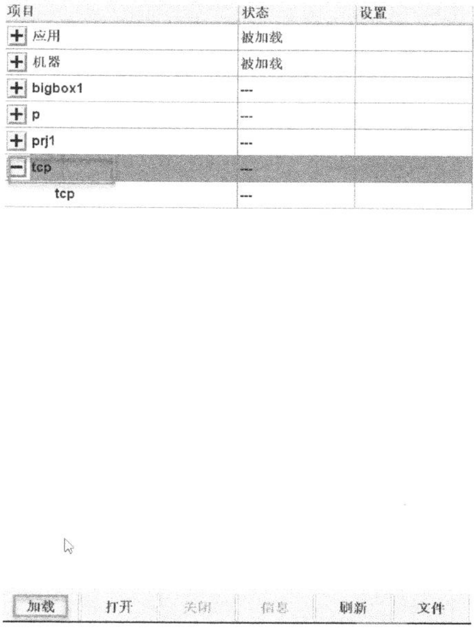

续表

步骤	操作说明	操作图示
5	单击"Menu"菜单按键，单击变量管理图标 ，单击"变量监测"	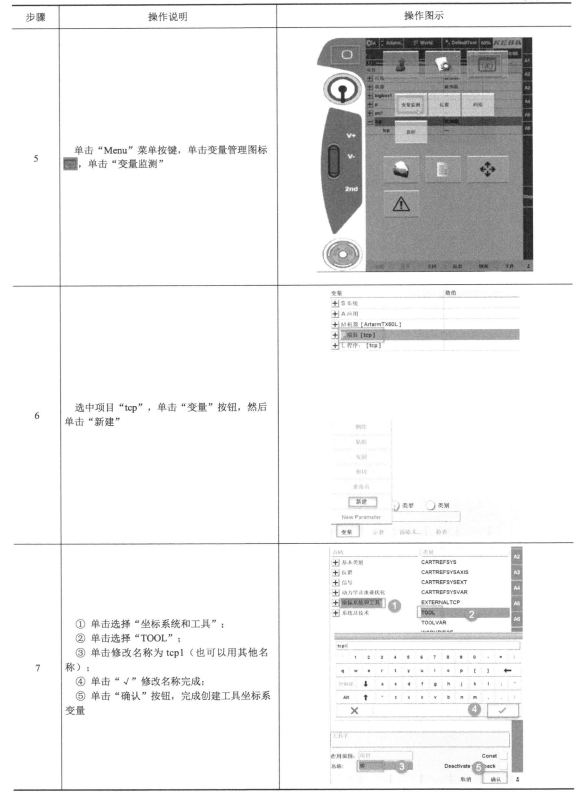
6	选中项目"tcp"，单击"变量"按钮，然后单击"新建"	
7	① 单击选择"坐标系统和工具"； ② 单击选择"TOOL"； ③ 单击修改名称为tcp1（也可以用其他名称）； ④ 单击"√"修改名称完成； ⑤ 单击"确认"按钮，完成创建工具坐标系变量	

续表

步骤	操作说明	操作图示
8	显示建立好的工具坐标系变量"tcp1"	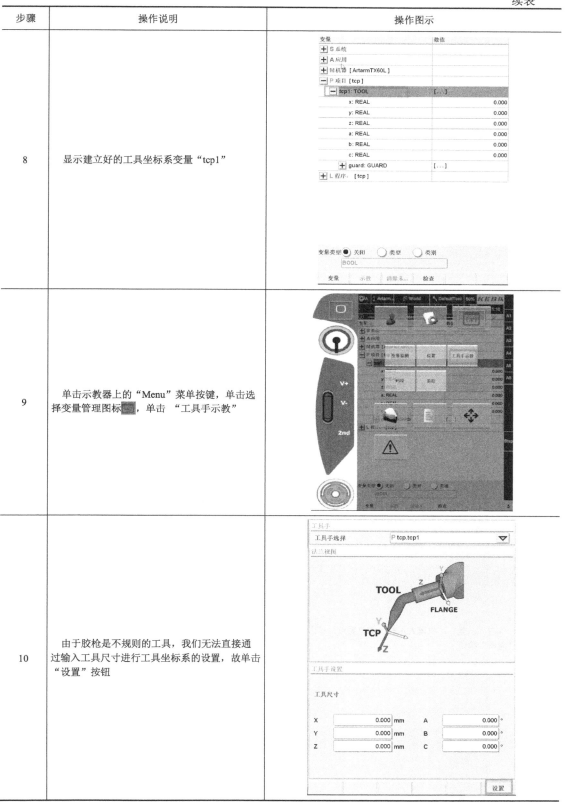
9	单击示教器上的"Menu"菜单按键，单击选择变量管理图标[图]，单击"工具手示教"	
10	由于胶枪是不规则的工具，我们无法直接通过输入工具尺寸进行工具坐标系的设置，故单击"设置"按钮	

续表

步骤	操作说明	操作图示
11	通过 3 点示教法进行 TCP 的标定，选中"未知位置"后单击"向前"按钮	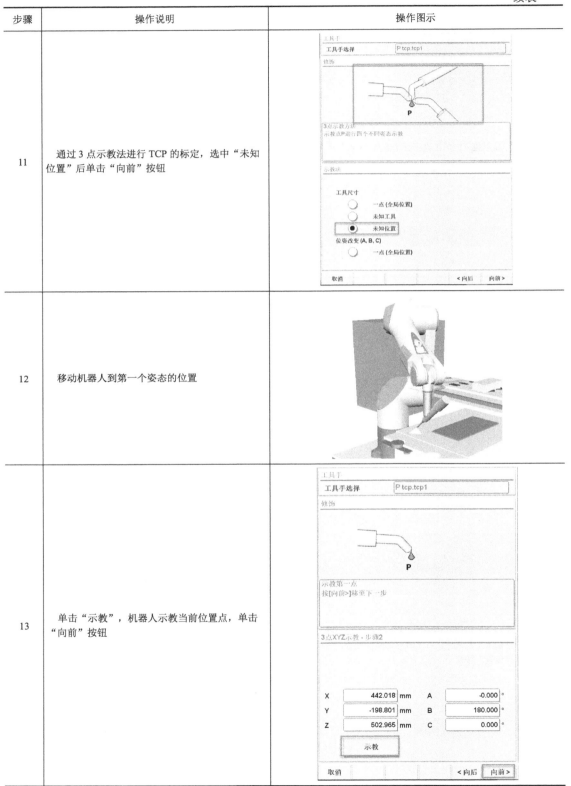
12	移动机器人到第一个姿态的位置	
13	单击"示教"，机器人示教当前位置点，单击"向前"按钮	

步骤	操作说明	操作图示
14	移动机器人到第二个姿态的位置	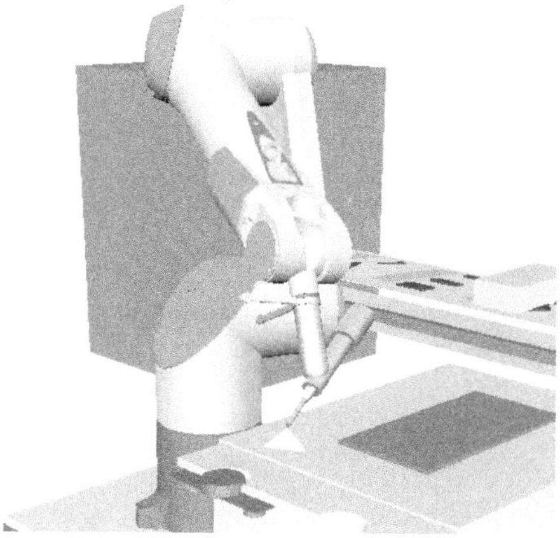
15	单击"示教",机器人示教当前位置点,单击"向前"按钮	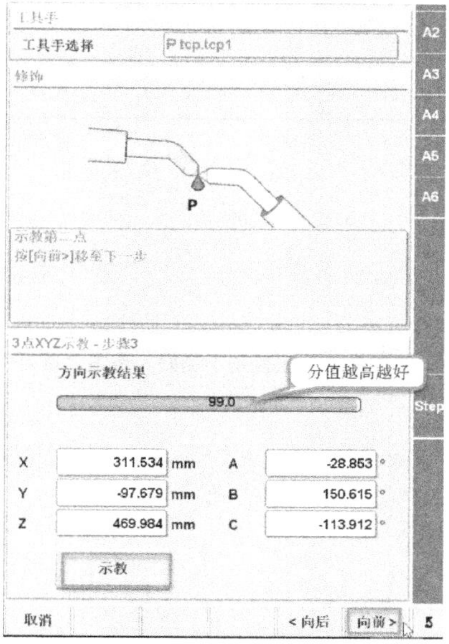
16	移动机器人到第三个姿态的位置	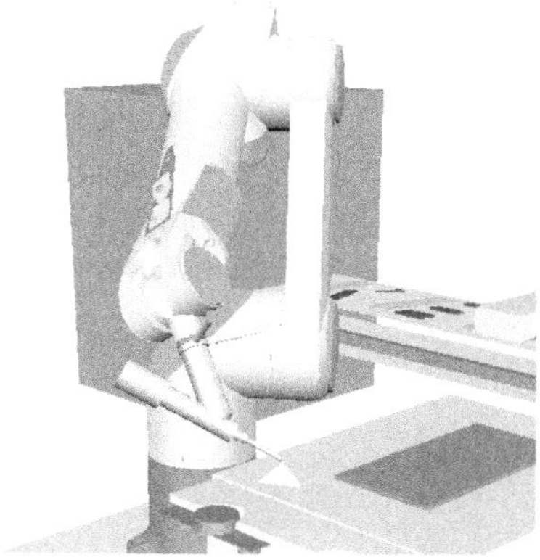

续表

步骤	操作说明	操作图示
17	单击"示教"，机器人示教当前位置点，单击"向前"按钮	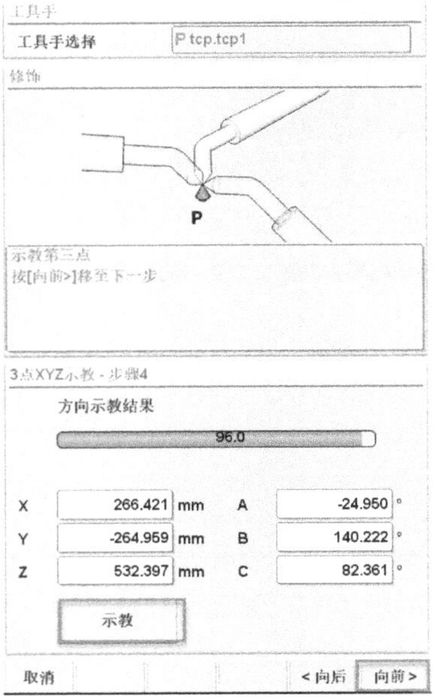
18	计算结果位置误差越小越好，单击"确定"按钮	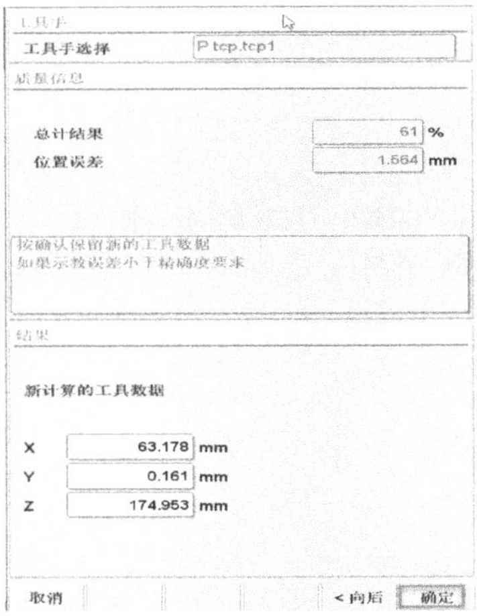
19	工具坐标系的原点（TCP）的位置参数设置结束，单击"设置"按钮进行坐标方向的设置	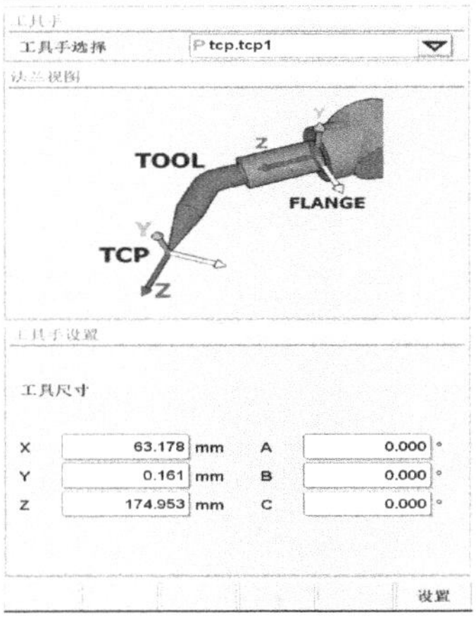

续表

步骤	操作说明	操作图示
20	"位姿改变（A，B，C）"选中"一点（全局位置）"选项，单击"向前"按钮	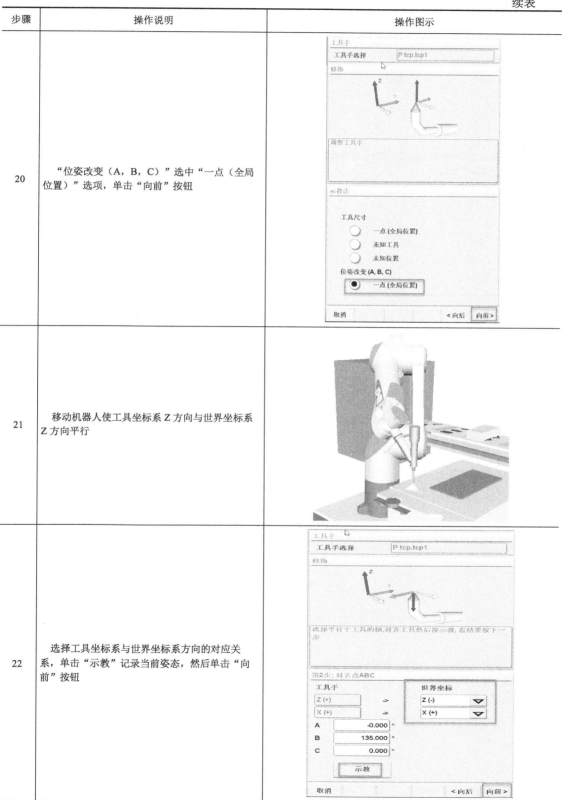
21	移动机器人使工具坐标系 Z 方向与世界坐标系 Z 方向平行	
22	选择工具坐标系与世界坐标系方向的对应关系，单击"示教"记录当前姿态，然后单击"向前"按钮	

续表

步骤	操作说明	操作图示
23	计算出工具坐标系的原点（TCP）的方向数据，单击"确定"按钮	
24	生成工具坐标系的原点（TCP）的数据参数	
25	单击"Menu"菜单按键，单击坐标显示图标，单击"位置"	

步骤	操作说明	操作图示
26	在工具坐标栏选择创建好的工具数据"tcp.tcp1"	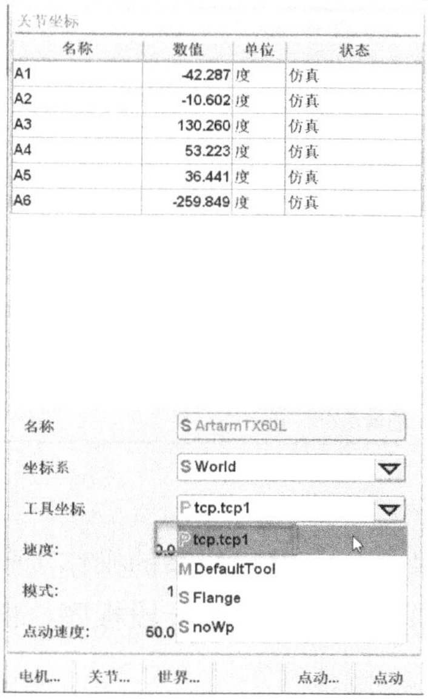
27	机器人上电后，TCP 切换到胶枪末端	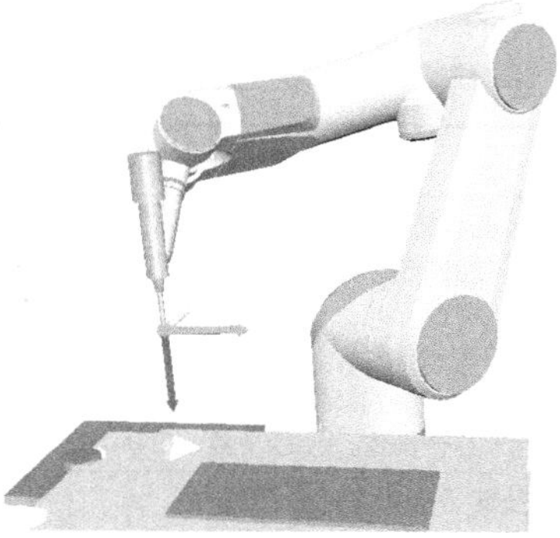

任务考核和评价

知识考核

一、填空题

1. 设置完工具坐标系后，执行相关指令，TCP 将会切换到_____。

2. 切换工具坐标的指令为_____。

3. 为了设置工具坐标系，需要改变工具的_____种姿态。

4. 默认的工具坐标系的原点（工具中心点/TCP）位于_____中心。

二、思考题

1. 设置工具坐标系的目的是什么？

2. 简述设置工具坐标系对于编程有哪些方便之处，并举例说明。

知识评价

见表 3.2.2。

表 3.2.2　知识评价

序号	评价标准	自评 20%	互评 20%	教师评 60%
1	填空题，每空 5 分，共 20 分			
2	思考题 1 评分细则：能准确回答工具坐标系的作用，语言表达清晰，酌情给分，最多 30 分			
3	思考题 2 评分细则： ① 能说明参考坐标系对编程的方便之处，酌情给分，最多 20 分； ② 能合理描述生产过程中设置工具坐标系的场合，酌情给分，最多 30 分			

技能考核

1. 写出创建工具坐标系的操作步骤。

2. 操作示教器，编写一段程序，使机器人抓取胶枪工具后将 TCP 切换至胶枪末端。

技能评价

见表 3.2.3。

表 3.2.3　技能评价

序号	评价细则	自评 20%	互评 20%	教师评 60%
1	技能考核题 1 评分细则： ① 能创建工具坐标系，酌情给 10～15 分； ② 切换工具坐标系的不同姿态，示教出工具坐标系的原点，酌情给 10～20 分； ③ 能切换到新的工具坐标系，酌情给 10～15 分； ④ 不会操作，没写步骤，0 分			
2	技能考核题 2 评分细则： ① 熟练设置相应参数，根据给出的胶枪 TCP 参数完成设置，酌情给 10～20 分； ② 熟练编写程序，程序运行过程中能体现出 TCP 由机器人第六轴法兰盘中心切换至胶枪末端，酌情给 10～30 分； ③ 需要提示才能完成任务操作步骤，酌情给 1～10 分； ④ 有提示的情况下还不会操作，撰写不出报告，0 分			

🌱 任务拓展

1. 模拟 TCP 标定程序指令（表 3.2.4）

表 3.2.4　模拟 TCP 标定程序指令

序号	程序指令	说明
1	bSigOut0.Set（FALSE）	复位抓取工具信号
2	PTP（ap0）	机器人运行到工作原点
3	PTP（ap1）	机器人到达涂胶工具上方点

序号	程序指令	说明
4	Lin（cp0）	机器人到达涂胶工具位置点
5	WaitIsFinished（）	等待机器人走到工具位置点
6	bSigOut0.Set（TRUE）	启动抓取工具信号 DO0
7	WaitTime（500）	等待夹爪完全抓紧
8	Lin（cp1）	机器人抓取工具后到达左边 cp1 点
9	Lin（cp2）	机器人到达左上方 cp2 点
10	Lin（guodu）	机器人到达过渡点 guodu 点
11	Lin（cp4）	机器人以第一种姿态靠近目标点
12	Lin（guodu）	机器人到达过渡点 guodu 点
13	Lin（cp5）	机器人以第二种姿态靠近目标点
14	Lin（guodu）	机器人到达过渡点 guodu 点
15	Lin（cp6）	机器人以第三种姿态靠近目标点
16	Lin（guodu）	机器人到达过渡点 guodu 点
17	Lin（cp7）	机器人以第四种姿态靠近目标点
18	Lin（guodu）	机器人到达过渡点 guodu 点
19	PTP（cp2）	机器人返回到左上方 cp2 点
20	Lin（cp1）	机器人返回到左边 cp1 点
21	Lin（cp0）	机器人返回到涂胶工具位置点
22	WaitIsFinished（）	等待机器人运行到工具位置点
23	bSigOut0.Set（FALSE）	关闭抓取工具信号 DO0
24	WaitTime（500）	等待夹爪完全松开
25	Lin（ap1）	机器人返回到涂胶工具上方点
26	PTP（ap0）	机器人回零点
27	编写好的模拟 tcp 标定程序显示	

2. 程序中各点的位置（表 3.2.5）

表 3.2.5　程序中各点的位置

序号	示教点	效果图
1	ap0	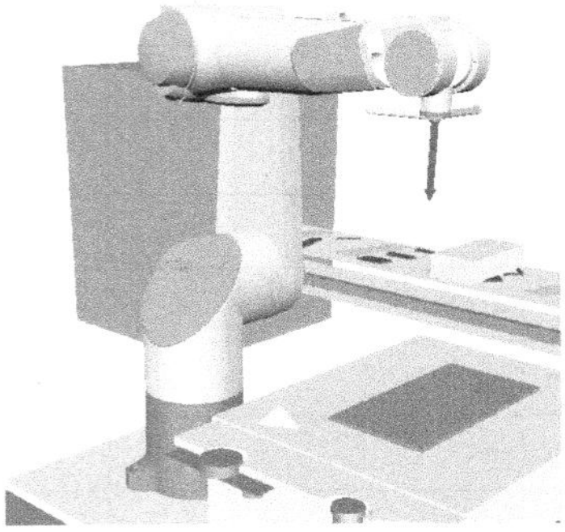
2	ap1	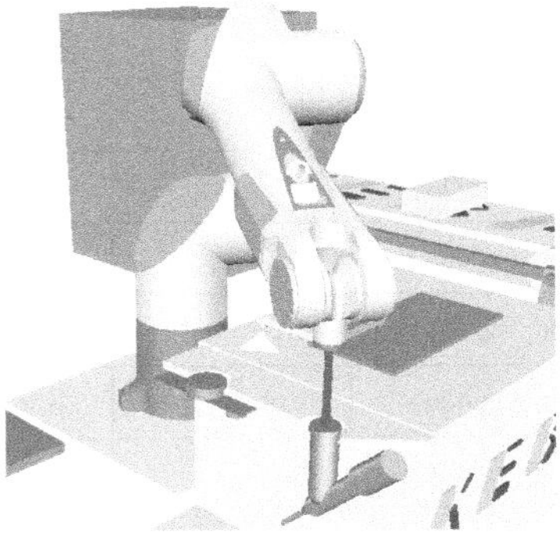
3	cp0	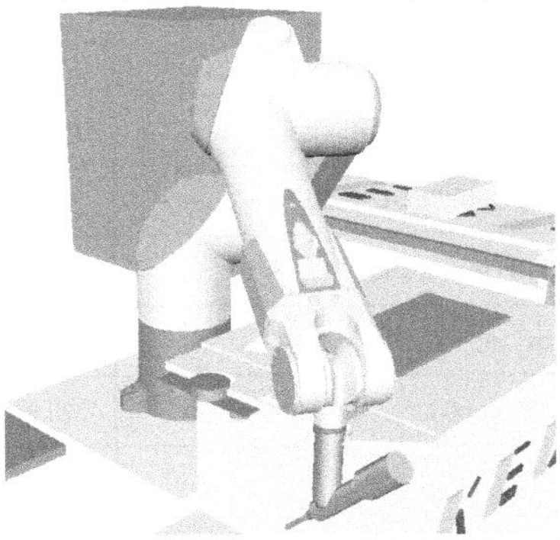
4	cp1	

续表

序号	示教点	效果图
5	cp2	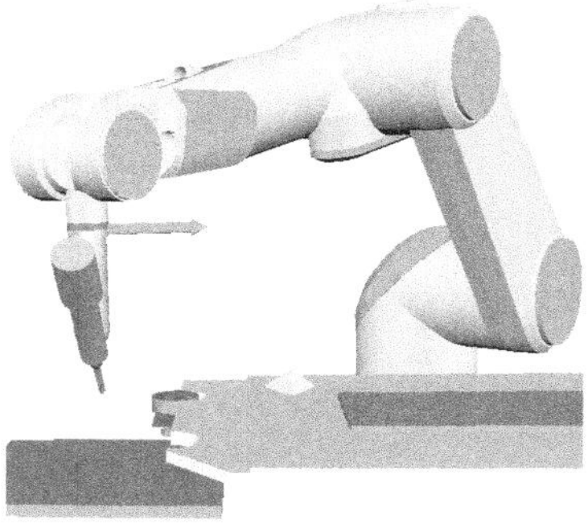
6	guodu	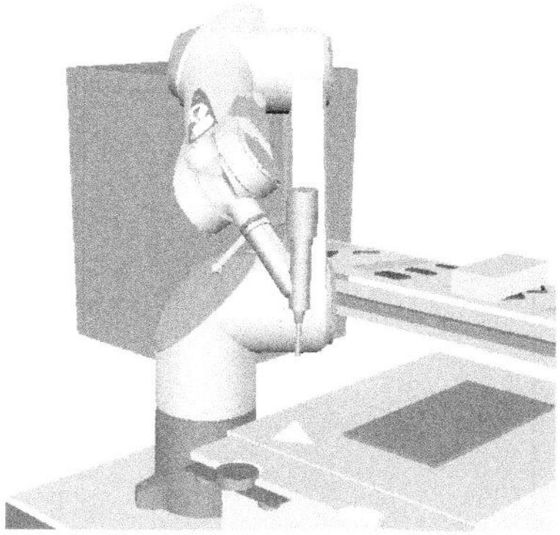
7	cp4	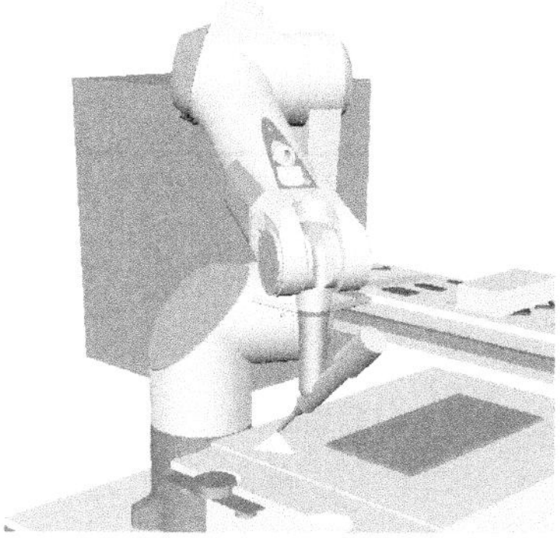
8	cp5	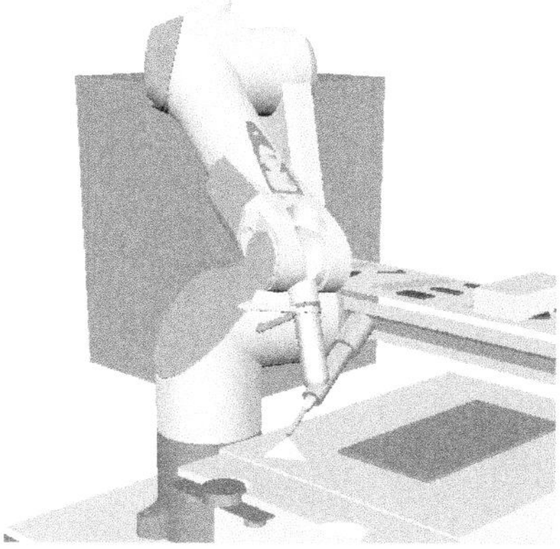

续表

序号	示教点	效果图
9	cp6	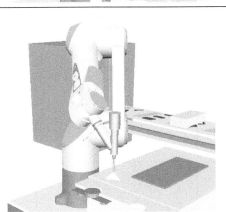
10	cp7	

项目四 ▶▶▶ 编写及调试工业机器人控制程序

任务一 编写及调试机器人简单码垛程序

📖 学习目标

① 培养学生严谨认真的工作精神；
② 掌握码垛指令的应用；
③ 熟悉码垛编程的流程；
④ 了解工业机器人运动轨迹设计流程；
⑤ 能熟练机器人 I/O 信号的设置过程；
⑥ 能熟练系统仿真的连接及仿真运行；
⑦ 会使用码垛相关指令；
⑧ 能掌握码垛程序的编写及程序的运行调试。

💬 任务描述

[教学设计]

本任务的教学过程设计是根据机器人从传送带上抓取盒子并放到托盘上进行 2 行、4 列、2 层的码垛的工作任务来展开，流程为"抓工具→抓盒子→码放盒子→放工具"，把知识点和技能训练融入任务实施中，让学生在操作中理解 IO 设置及 ToPut、FromPut、Reset 等指令的作用并掌握使用方法。

[教学重点]

本任务的教学重点在于 IO 设置及 ToPut、FromPut、Reset 等码垛指令的作用和使用方法。

[教学难点]

教学难点为码垛的编程，可以在教学过程中讲解每个子程序和相关指令之后，再示范操作两遍，让学生跟做两遍。每完成一个子程序，另给学生自由练习和做笔记的时间。

[设备与工具]

电脑、KEBA 工业机器人控制器、KEBA 工业机器人示教器、KeMotion3 03.16a 软件。

✖ 任务实施

一、新建项目及程序

步骤	操作说明	操作图示
1	单击示教器上的主菜单按键，选择文件夹图标 ，单击"项目"图标	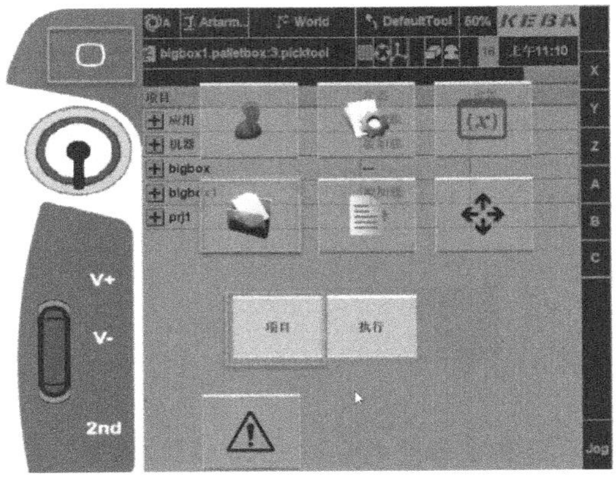
2	单击"文件"→"新建项目"	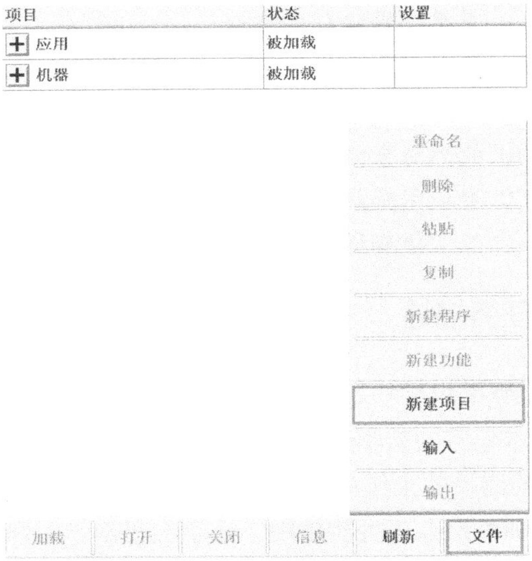
3	输入项目名称和程序名称，单击"√"图标确认	

续表

步骤	操作说明	操作图示
4	选择新建的项目，单击"加载"；一次只能加载一个项目，其他项目必须关闭	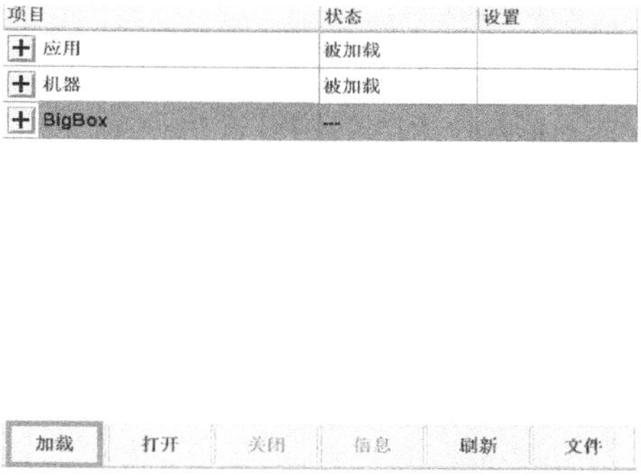 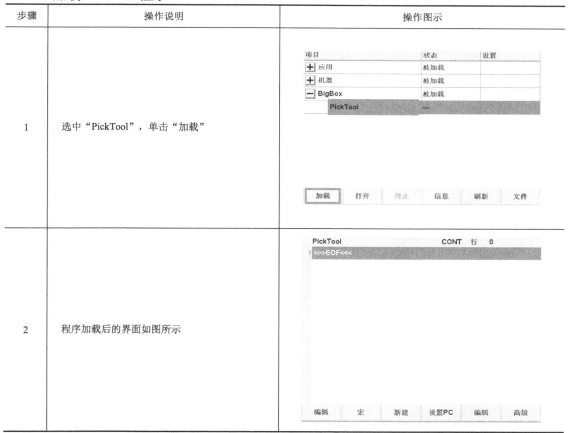

二、编写及调试码垛程序

1.编写抓取工具程序 PickTool

1）加载 PickTool 程序

步骤	操作说明	操作图示
1	选中"PickTool"，单击"加载"	
2	程序加载后的界面如图所示	

2）添加程序指令

步骤	添加指令	说明
1	Tool（DefaultTool）	设置机器人工具为"DefaultTool"（默认工具）
2	PTP（ap0）	机器人到达初始点
3	PTP（ap1）	机器人到达吸盘工具上方点
4	Lin（cp0）	机器人到达吸盘工具抓取点
5	WaitIsFinished（）	等待机器人到位
6	bSigOut0.Set（TRUE）	打开抓取工具信号，使用 IoDout[0]信号
7	WaitTime（500）	等待 0.5 秒
8	Lin（cp1）	抓取工具后机器人到达过渡点 1
9	Lin（cp2）	抓取工具后机器人到达过渡点 2
10	PTP（ap0）	机器人回到初始点
11	添加指令完成后的 PickTool 程序如图所示	 PickTool　　　　　　CONT 行 2 ⇨ Tool(DefaultTool) 3 PTP(ap0) 4 PTP(ap1) 5 Lin(cp0) 6 WaitIsFinished() 7 bSigOut0.Set(TRUE) 8 WaitTime(500) 9 Lin(cp1) 10 Lin(cp2) 11 PTP(ap0) 12 >>>EOF<<< 编辑　Lin　新建　设置PC　编辑　高级

3）设置示教点位置

步骤	添加示教点	位置图
1	ap0（a3：90，a5：90）	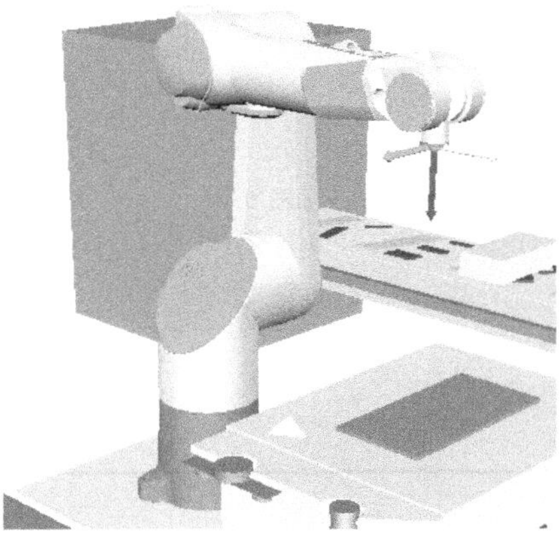

续表

步骤	添加示教点	位置图
2	ap1	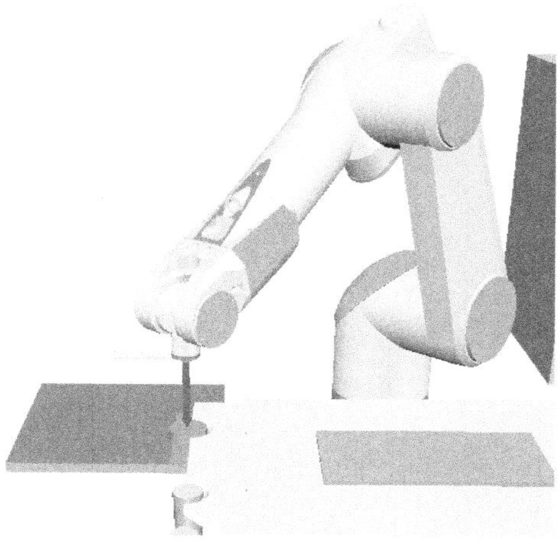
3	cp0	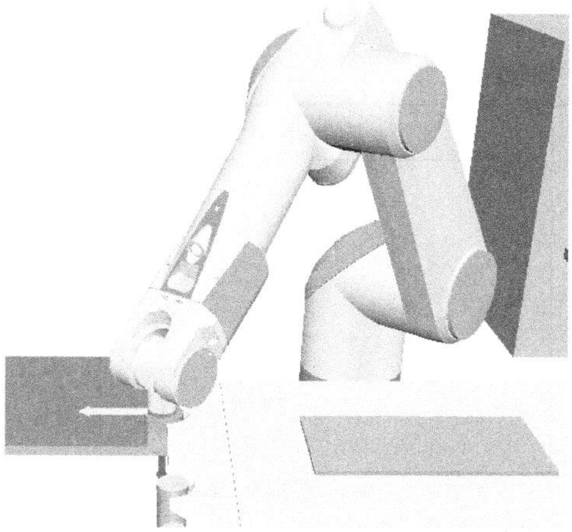
4	cp1	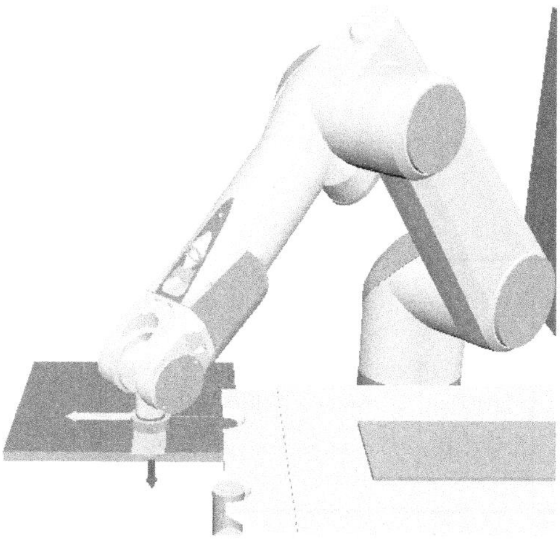

步骤	添加示教点	位置图
5	cp2	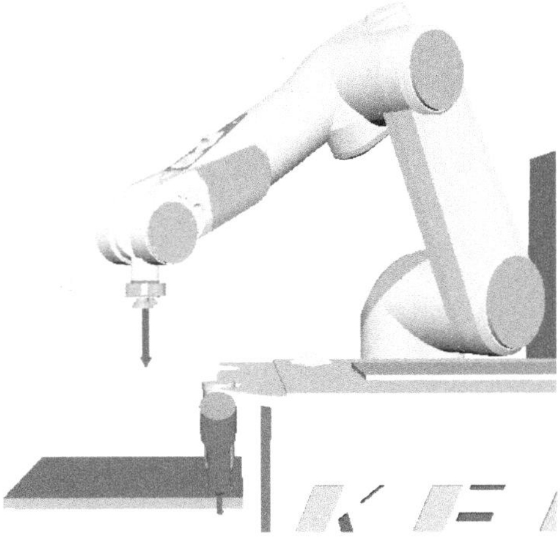

2.编写放置工具程序 PutTool

1）创建程序文件 PutTool

步骤	操作说明	操作图示
1	选择需要添加程序的项目，单击右下角的"文件"，单击"新建程序"	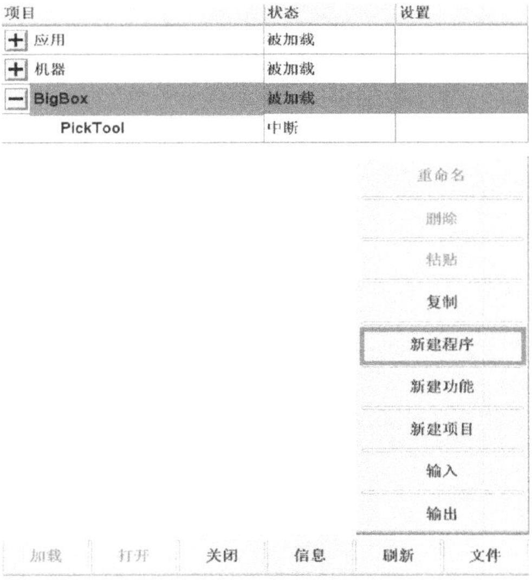
2	在"程序新建"对话框中，输入程序名称"PutTool"，单击"√"图标确认	

续表

步骤	操作说明	操作图示
3	选中"PutTool"，单击"加载"，进行程序指令的编写	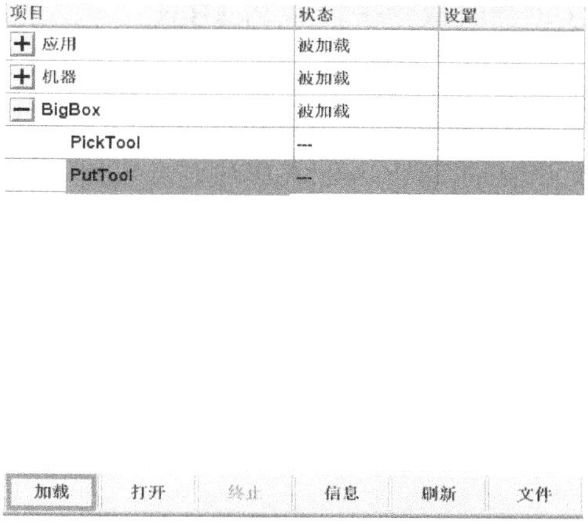

2）添加程序指令

步骤	添加指令	说明
1	Tool（DefaultTool）	设置机器人工具为"DefaultTool"（默认工具）
2	PTP（ap0）	机器人到达初始点
3	PTP（cp2）	机器人到达过渡点2
4	Lin（cp1）	机器人到达过渡点1
5	Lin（cp0）	机器人到达吸盘工具抓取点
6	WaitIsFinished（）	等待机器人到位
7	bSigOut0.Set（FALSE）	关闭抓取工具信号，使用 IoDout[0]信号
8	WaitTime（500）	等待 0.5 秒
9	Lin（ap1）	机器人到达吸盘工具上方点
10	PTP（ap0）	机器人回到初始点
11	完整的 PutTool 程序如图所示	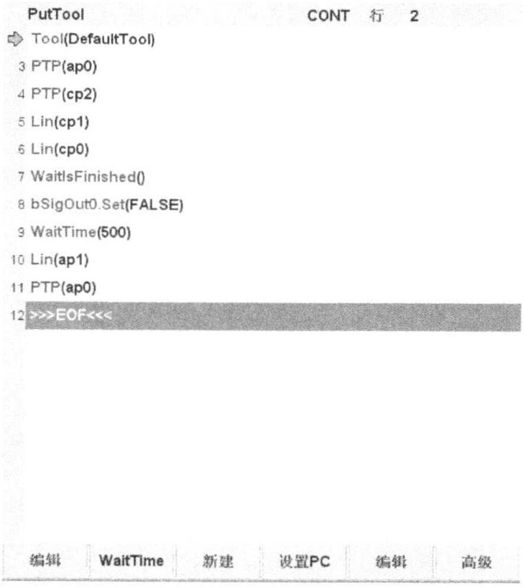

3）设置示教点位置

放置工具和抓取工具的轨迹相反，因此可以共用点位置。

3.创建吸取盒子程序 PickBox

1）创建吸盘工具坐标

步骤	操作说明	操作图示
1	单击示教器上的主菜单按键，单击![],单击"变量监测"图标	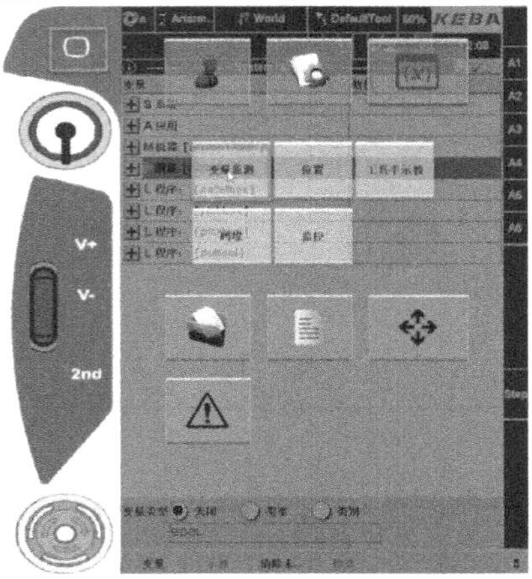
2	选中项目"BigBox"，单击"变量"，然后单击"新建"	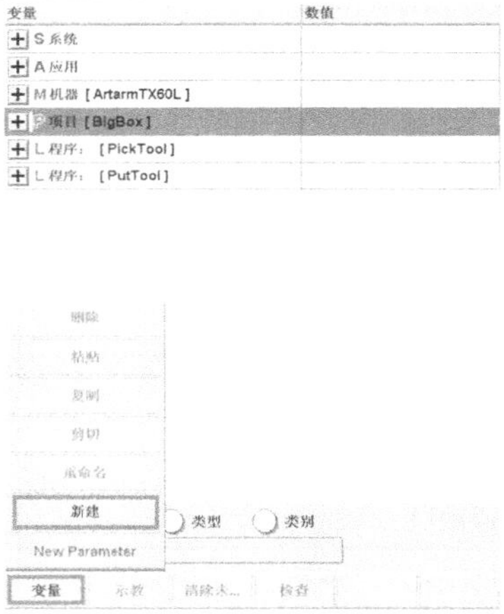
3	单击"坐标系统和工具"，选择"Tool"，修改工具坐标名字为"tGripper"，然后单击"确认"	

续表

步骤	操作说明	操作图示
4	在变量设置对话框中，修改 tGripper 工具坐标在 z 方向的值为 30，其他不变；吸盘工具的高度为 30mm，其 TCP 位于机器人法兰盘中心 z 轴方向 30mm 处，因此可以直接输入数值	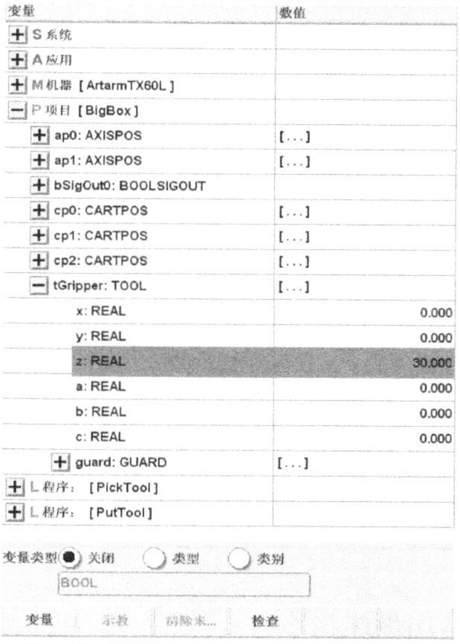 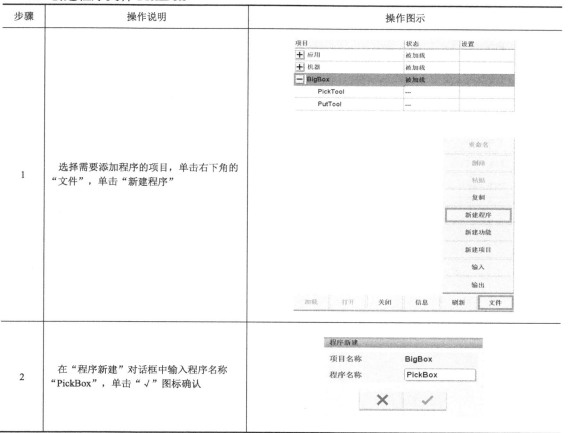

2) 创建程序文件 PickBox

步骤	操作说明	操作图示
1	选择需要添加程序的项目，单击右下角的"文件"，单击"新建程序"	
2	在"程序新建"对话框中输入程序名称"PickBox"，单击"√"图标确认	

步骤	操作说明	操作图示
3	选中"PickBox",单击"加载",进行指令的编写	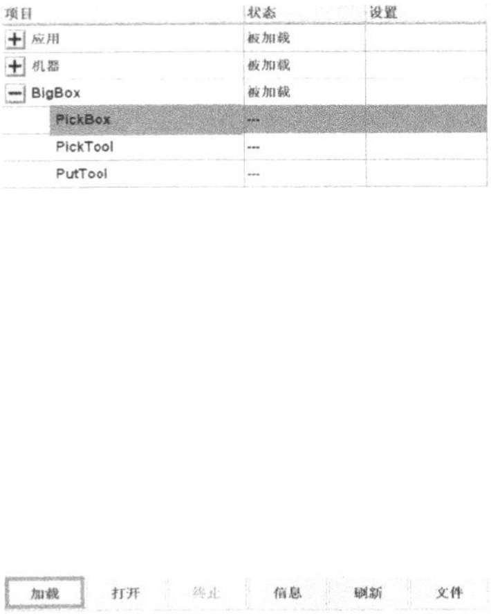

3）添加程序指令

步骤	添加指令	说明
1	Tool（tGripper）	设置机器人工具为"tGripper"（吸盘工具）
2	PTP（ap0）	机器人到达过渡点 ap0
3	PTP（ap2）	机器人到达传送带上盒子的上方点
4	Lin（cp3）	机器人到达吸取盒子点
5	WaitIsFinished（）	等待机器人到位
6	bSigOut1.Set（）	开启吸盘真空信号，使用 IoDout[1]信号
7	WaitTime（500）	等待 0.5 秒
8	Lin（ap2）	机器人抓取盒子后到达上方点
9	PTP（ap0）	机器人抓取盒子后回到过渡点 ap0
10	添加指令完成后完整的 PickBox 程序	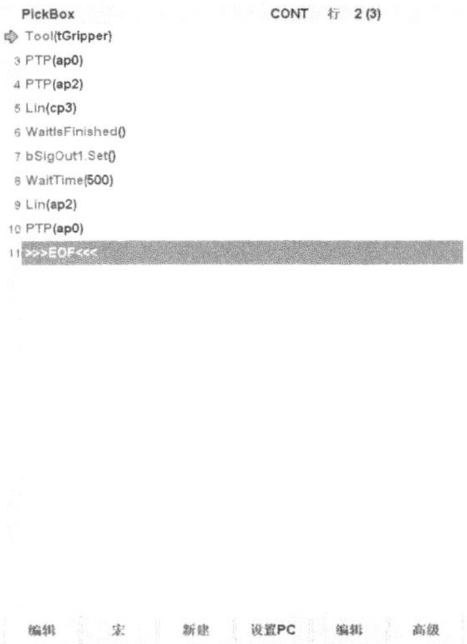

4）设置示教点

序号	示教点	位置图
1	ap0	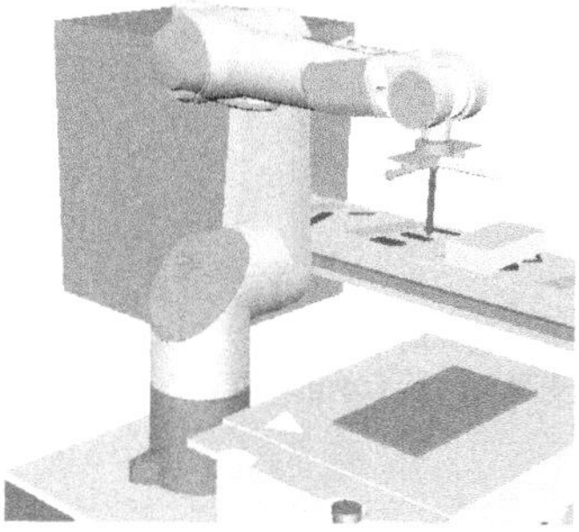
2	ap2	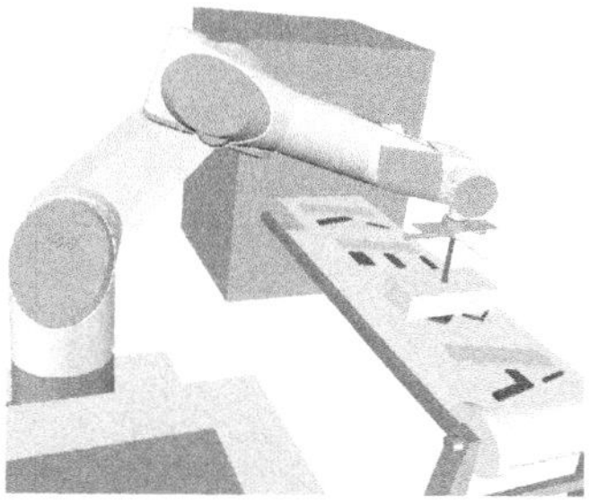
3	cp3	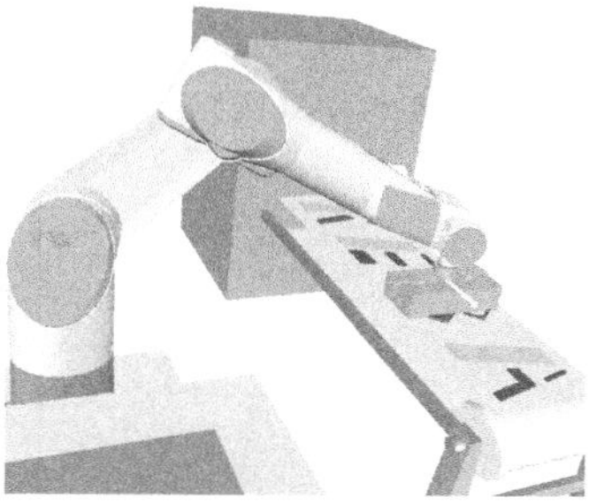

4.设置码垛变量 pal0

步骤	操作说明	操作图示
1	单击示教器上的主菜单键，选择图标▦，单击"变量监测"图标	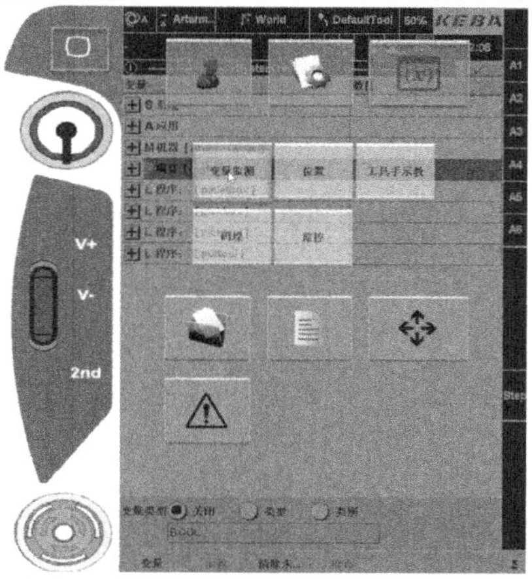

步骤	操作说明	操作图示
2	在变量设置界面中选中项目"BigBox"，单击"变量"，然后单击"新建"	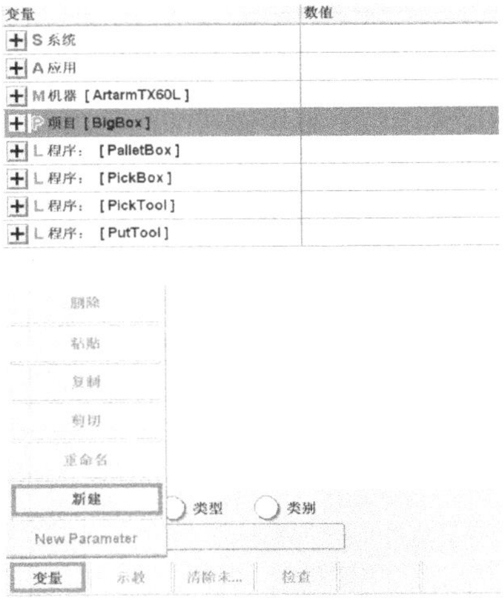
3	在"范畴"一栏中选择"系统及技术"，在"类别"一栏选择"PALLET"，变量名称设置为"pal0"，单击"确认"，创建一个码垛变量	
4	在项目下创建完码垛变量 pal0 后的显示界面	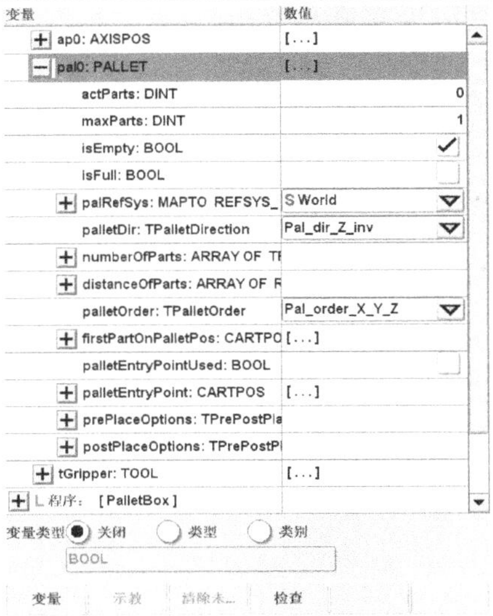

续表

步骤	操作说明	操作图示
5	单击示教器上的主菜单键，选择图标 ，单击"码垛"图标，进行码垛参数的设置	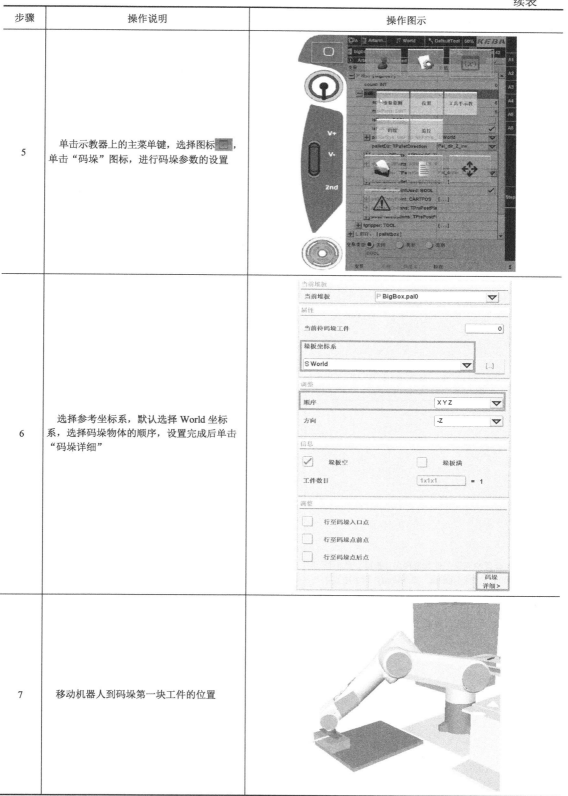
6	选择参考坐标系，默认选择 World 坐标系，选择码垛物体的顺序，设置完成后单击"码垛详细"	
7	移动机器人到码垛第一块工件的位置	

步骤	操作说明	操作图示
8	机器人移动到目标位置后，单击"示教"，记录第一个码垛的位置，然后单击"向后"	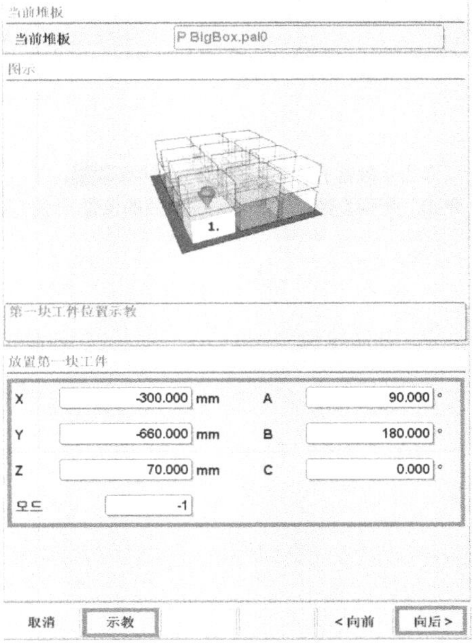
9	设置待码垛工件数量和尺寸数据。盒子长200mm、宽100mm、高55mm。为了防止工件尺寸误差产生的碰撞和干涉，一般会在盒子的3个方向上设置几毫米的间距，参数设置如图所示。设置完后单击"向后"	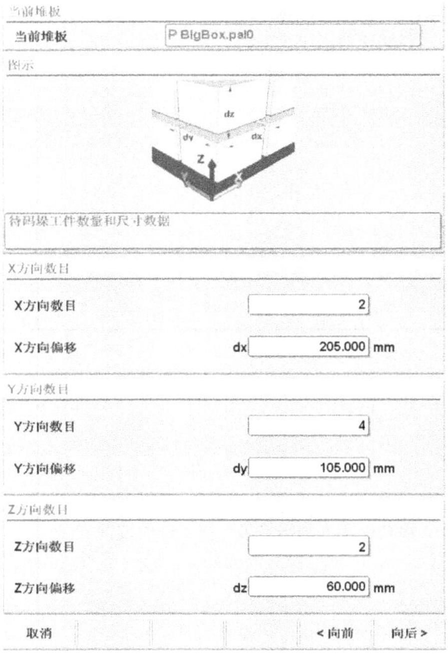

步骤	操作说明	操作图示
10	码垛点前点和后点这两个辅助点可以根据工艺要求调整，一般可以不勾选，单击"向后"	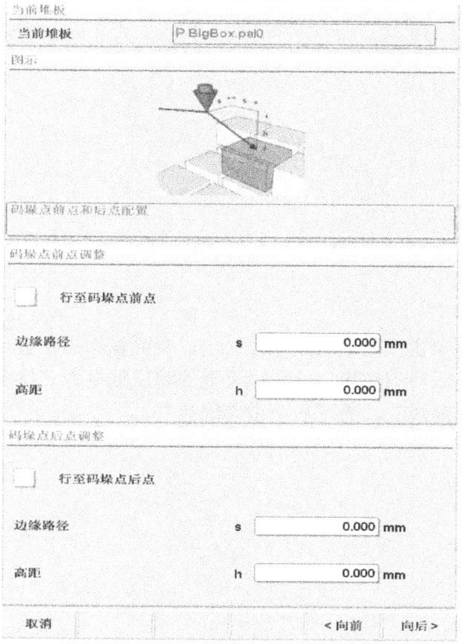
11	移动机器人到码垛入口点，一般选择第一个码块对角线定点位置的上方，此高度要高于设置的最高层码块的高度（高度自行调整）	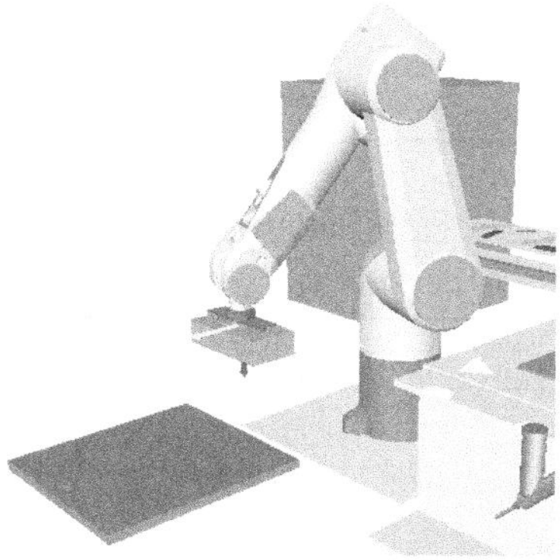
12	勾选"行至码垛入口点"，并单击"示教"，示教好后单击"向后"	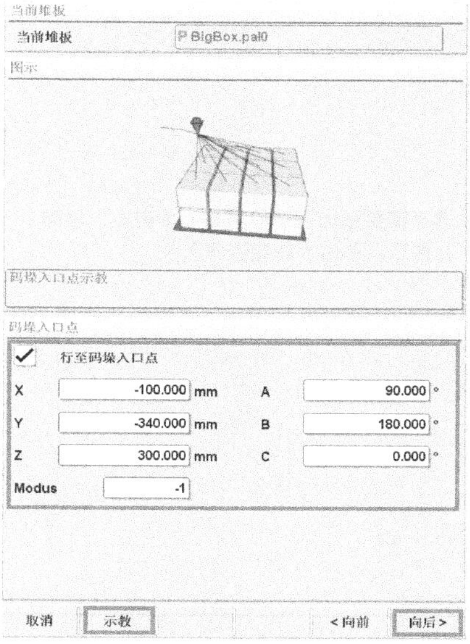

续表

步骤	操作说明	操作图示
13	单击"启动可达性检测",在测试结果中会显示检测结果,此码垛设置的测试结果为"检测通过",通过后单击"确认"	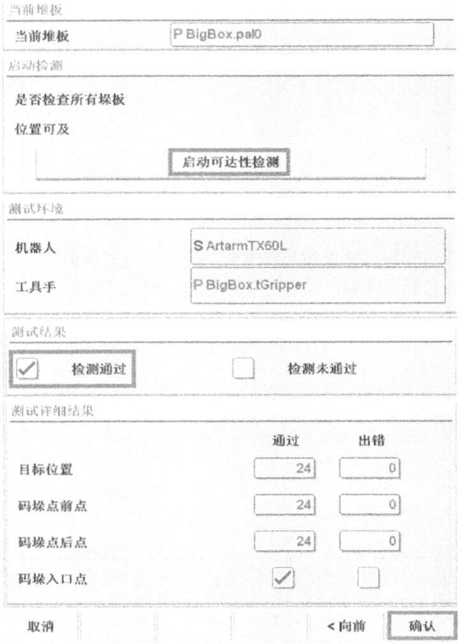

5.编写码垛程序 PalletBox
1）创建程序文件 PalletBox

步骤	操作说明	操作图示
1	选择需要添加程序的项目,单击右下角的"文件",单击"新建程序"	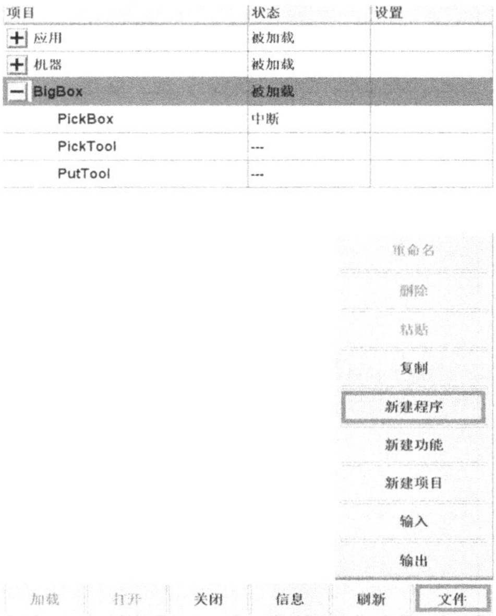

续表

步骤	操作说明	操作图示
2	在"程序新建"对话框中，输入程序名称"PalletBox"，单击"√"	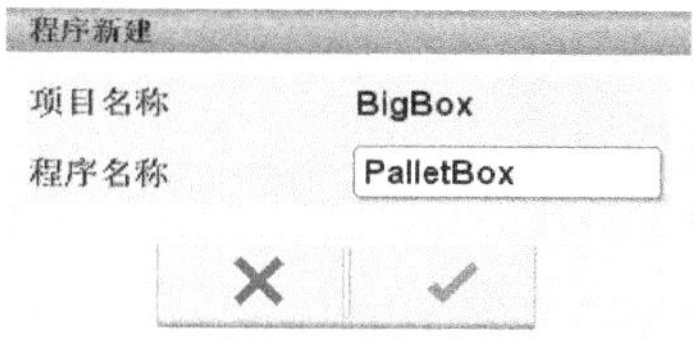 程序新建 项目名称　　　**BigBox** 程序名称　　　PalletBox 　✕　　　✓
3	选中 PalletBox 程序，单击"加载"，进行指令的编写	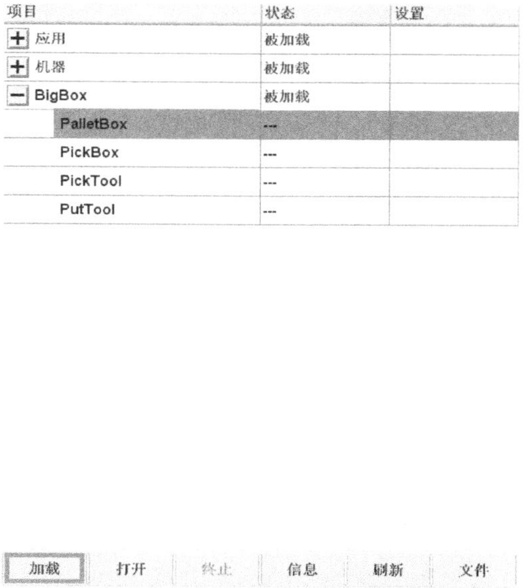 项目　　状态　　设置 ＋ 应用　　被加载 ＋ 机器　　被加载 − BigBox　被加载 　　PalletBox　--- 　　PickBox　--- 　　PickTool　--- 　　PutTool　--- 加载　打开　终止　信息　刷新　文件

2）添加程序指令

序号	指令	说明/效果图
1	在程序编辑界面单击"新建"添加指令	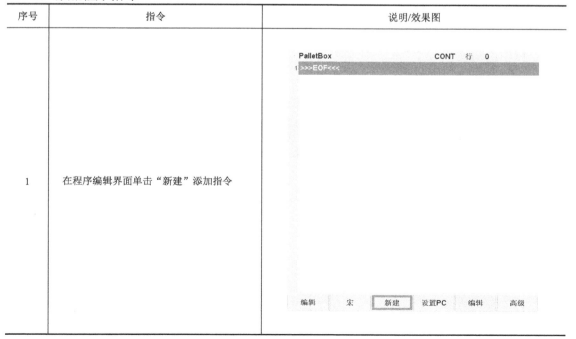

续表

序号	指令	说明/效果图
2	选择功能块中的"码垛",然后在右侧选择"PALLET.Reset"指令,单击"确定"	
3	在 PALLET 参数选择中选择"pal0",单击"确认"	
4	光标移动到"EOF"栏,单击"新建"添加指令	

续表

序号	指令	说明/效果图
5	在"信号"指令组中选择"BOOLSIGOUT.Set"指令，单击"确定"	
6	BOOLSIGOUT 参数选择"bSigOut0"，signal 参数选择"IoDOut[0]"，value 参数选择"FALSE"，单击"确认"	
7	参照步骤5、6 的操作复位吸盘真空信号	

续表

序号	指令	说明/效果图
8	单击"新建",在"系统"指令组中选择"CALL"指令,单击"确定"	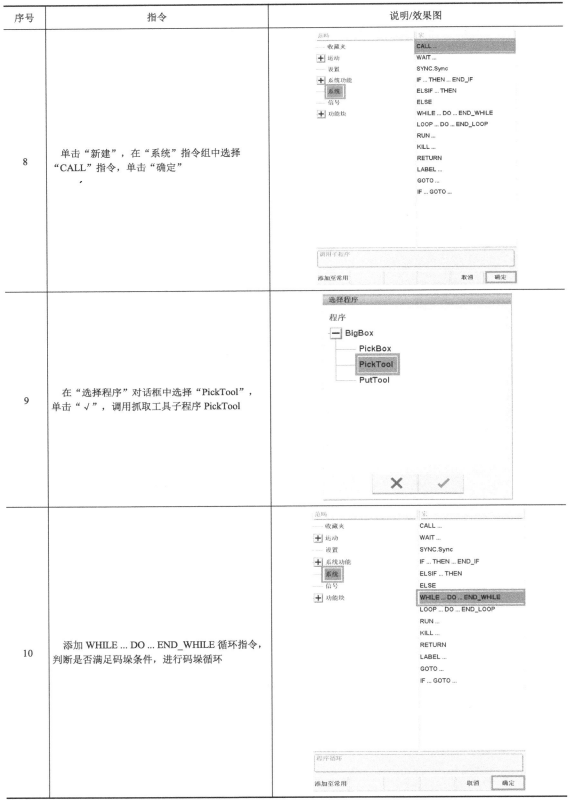
9	在"选择程序"对话框中选择"PickTool",单击"√",调用抓取工具子程序 PickTool	
10	添加 WHILE … DO … END_WHILE 循环指令,判断是否满足码垛条件,进行码垛循环	

续表

序号	指令	说明/效果图
11	单击"替换",选择"变量"	**PalletBox** CONT 行 2 pal0.Reset() 3 bSigOut0.Set(FALSE) 4 bSigOut1.Set(FALSE) 5 CALL PickTool() 6 >>>EOF<<< 变量 名令 WHIL 键盘 LE 更改 替换 新增 删除 取消 确定
12	选择码垛变量"pal0"中的"isFull"参数,不勾选"isFull"参数的复选框,单击"确认"	变量 数值 bSigOut1: BOOLSIGOUT pal0: PALLET [...] actParts: DINT 0 maxParts: DINT 24 isEmpty: BOOL ✓ isFull: BOOL palRefSys: MAPTO REFSYS_ S World palletDir: TPalletDirection Pal_dir_Z_inv numberOfParts: ARRAY OF T distanceOfParts: ARRAY OF R palletOrder: TPalletOrder Pal_order_X_Y_Z firstPartOnPalletPos: CARTPO [...] palletEntryPointUsed: BOOL ✓ palletEntryPoint: CARTPOS [...] prePlaceOptions: TPrePostPla postPlaceOptions: TPrePostPl 功能 功能 L 程序:[PalletBox] 变量类型 <全部> WHILE FALSE DO END_WHILE 变量 取消 确认
13	单击"新增",在弹出的"操作符"对话框中选择"NOT",单击"确定"	**PalletBox** CONT 行 2 pal0.Reset() 3 bSigOut0.Set(FALSE) 4 bSigOut1.Set(FALSE) 5 CALL PickTool() 6 >>>EOF<<< 操作符 + - * / AND OR XOR NOT MOD < <= >= > = <> +/- ( ) ✕ WHILE NOT pal0.isFull DO END_WHILE 更改 替换 新增 删除 取消 确定

续表

序号	指令	说明/效果图
14	光标移动到"END_WHILE"指令栏,单击"新建",添加指令	**PalletBox** CONT 行 2 pal0.Reset() 3 bSigOut0.Set(FALSE) 4 bSigOut1.Set(FALSE) 5 CALL PickTool() 6 WHILE NOT pal0.isFull DO END_WHILE 8 >>>EOF<<< 编辑 宋 新建 设置PC 编辑 高级
15	参照步骤8、9的操作调用吸取盒子的子程序PickBox	**PalletBox** CONT 行 2 pal0.Reset() 3 bSigOut0.Set(FALSE) 4 bSigOut1.Set(FALSE) 5 CALL PickTool() 6 WHILE NOT pal0.isFull DO 7 CALL PickBox() 8 END_WHILE 9 >>>EOF<<< 编辑 宋 新建 设置PC 编辑 高级
16	单击"功能块"→"码垛",单击右侧的"PALLET.ToPut",移动机器人到下一个空闲位置进行码垛	范畴 宋 —— 收藏夹 **PALLET.ToPut** ＋ 运动 PALLET.FromPut —— 设置 PALLET.ToGet ＋ 系统功能 PALLET.FromGet —— 系统 PALLET.Reset —— 信号 PALLET.GetNextTargetPos — 功能块 PALLET.GetPrevTargetPos 　　触发器 　　区域监控 　　跟踪 　　码垛 移动机器人到下个空闲放置位置坐标 添加至常用 取消 确定

续表

序号	指令	说明/效果图
17	PALLET 参数选择"pal0",即根据"pal0"参数进行码垛,设置好后单击"确认"	
18	选择"运动"→"WaitIsFinished",单击"确定",添加同步指令	
19	无须设置参数,直接单击"确认"	

续表

序号	指令	说明/效果图
20	参照步骤 5、6 的操作，关闭吸盘真空信号，释放盒子	PalletBox　　　　　　　CONT　行　2 pal0.Reset() 3　bSigOut0.Set(FALSE) 4　bSigOut1.Set(FALSE) 5　CALL PickTool() 6　WHILE NOT pal0.isFull DO 7　　CALL PickBox() 8　　pal0.ToPut() 9　　WaitisFinished() 10　bSigOut1.Set(FALSE) 11 END_WHILE 12 >>>EOF<<< 编辑　BOOLSi...　新建　设置PC　编辑　高级
21	在"系统功能"指令组中添加等待时间指令"WaitTime"，等待吸盘将盒子释放到位，单击"确定"	运动 — 收藏夹　　　... := ...（赋值） ＋ 运动　　　//...（注解） — 设置　　　WaitTime ＋ 系统功能　　Stop — 系统　　　Info — 信号　　　Warning ＋ 功能块　　Error 　　　　　　Random 等待至预设时间超出(毫秒) 添加至常用　　　　　　取消　确定
22	timeMs 参数输入"500"，即等待 0.5s，单击"确认"	名字　　　　　　　数值 WaitTime(500) 　timeMs: DINT　　　　　500 WaitTime(500) 变量　示波　DO添加　值　取消　确认

续表

序号	指令	说明/效果图
23	添加指令"PALLET.FromPut", 在放置好工件后, 安全将机器人从垛板移出	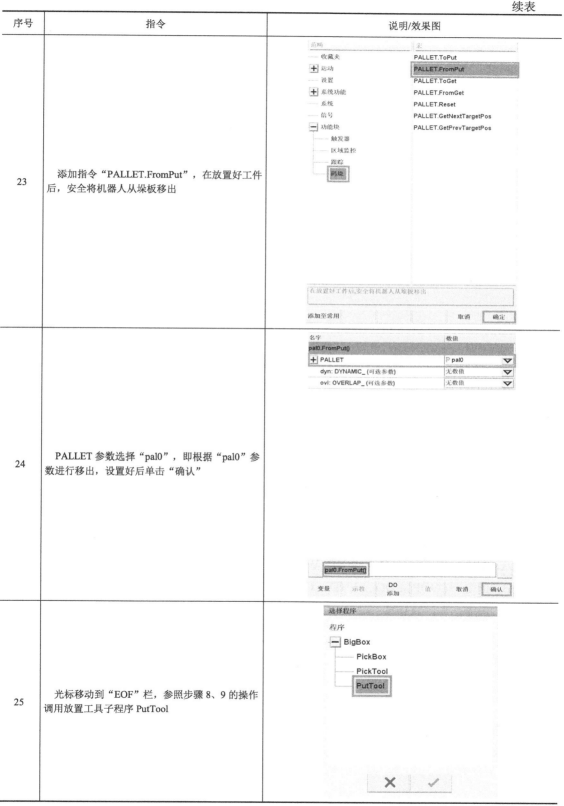
24	PALLET 参数选择"pal0", 即根据"pal0"参数进行移出, 设置好后单击"确认"	
25	光标移动到"EOF"栏, 参照步骤 8、9 的操作调用放置工具子程序 PutTool	

续表

序号	指令	说明/效果图
26	显示码垛盒子的完整程序	PalletBox CONT 行 2 ⇨ pal0.Reset() 3 bSigOut0.Set(FALSE) 4 bSigOut1.Set(FALSE) 5 CALL PickTool() 6 WHILE NOT pal0.isFull DO 7 CALL PickBox() 8 pal0.ToPut() 9 WaitIsFinished() 10 bSigOut1.Set(FALSE) 11 WaitTime(500) 12 pal0.FromPut() 13 END_WHILE 14 CALL PutTool() 15 >>>EOF<<< 编辑 PALLET.... 新建 设置PC 编辑 高级

3）程序调试及运行

具体操作步骤请参照项目二中任务二的程序调试及运行，此处略。

任务考核和评价

知识考核

一、选择题

1. 以下指令不能实现循环功能的是（   ）。

    A. 指令：WHILE ...DO ...END_WHILE

    B. 指令：LOOP ... DO ... END_LOOP

    C. 指令：IF…THEN…END_IF，ELSIF…THEN，ELSE

    D. 指令：LABEL…，GOTO…

2. 以下指令不属于码垛指令的是（   ）。

    A. Toput   B. FromGet   C. Random   D. Reset

二、判断题

在示教器界面上单击 Menu 菜单键→单击"配置管理"图标→单击"输入输出监测"图标，进入输入输出监测菜单，输入输出监测界面显示系统的硬件 I/O 配置以及 I/O 信号的状态。（   ）

知识评价

见表 4.1.1。

表 4.1.1　知识评价

序号	评价标准	自评 20%	互评 20%	教师评 60%
1	选择题，每题 30 分，共 60 分			
2	判断题 40 分			

技能考核

1. 操作示教器，编写一个程序，控制工业机器人抓取吸盘工具后将 TCP 切换至吸盘末端，并且用吸盘去传送带上抓取盒子。

2. 操作示教器，编写一个程序，控制工业机器人抓取盒子后，在托盘上按 2 行、3 列、2 层码垛。

技能评价

见表 4.1.2。

表 4.1.2　技能评价

序号	评价标准	分值	得分
1	会创建项目和程序名称	2	
2	会进行工具坐标系参数设置	5	
3	会进行参考坐标系参数设置	10	
4	能完成码垛向导各步骤设置	13	
5	会编写抓取真空吸盘工具流程，指令使用正确，位置和姿态示教正确	10	
6	会从传送带吸取盒子，指令使用正确，位置示教正确	13	
7	能完成盒子码到托盘的流程	25	
8	能完成放置真空吸盘工具流程，指令使用正确，位置和姿态示教正确	10	
9	项目（project）输出操作和保存正确	2	
10	实现功能的基础上，程序结构清晰，各功能模块完整，程序指令简洁无冗余	10	

🌱 任务拓展

已知真空吸盘工具的高度为 30mm，传送带上的盒子长 200mm、宽 100mm、高 55mm。

1. 创建项目 Pallet8 和主程序 main8（其他子程序名称自定义）。

2. 根据已知的真空吸盘工具高度创建工具坐标系 tool8。

3. 以托盘上表面上的任意端点为原点创建参考坐标系 RefWorks8，所创建的参考坐标系与世界坐标系方向一致。

4. 用工具坐标系 tool8 和参考坐标系 RefWorks8 为参照，使码垛第一个目标点的位置在参考坐标系 RefWorks8 中的坐标为（50，50，0）。

5. 编写码垛程序。码垛时行与行的间距为 10mm，列与列的间距为 10mm。

任务二　编写及调试机器人简单拆垛程序

📚 学习目标

① 培养持之以恒的精神；
② 掌握拆垛指令的应用；
③ 熟悉拆垛编程的流程；
④ 了解工业机器人运动轨迹设计流程；
⑤ 熟练掌握机器人 I/O 信号的设置过程；
⑥ 熟练掌握系统仿真的连接及运行；
⑦ 会使用拆垛相关指令；
⑧ 掌握拆垛程序的编写及程序的运行调试。

📄 任务描述

[教学设计]

机器人把托盘上 2 行 4 列的双层码垛拆卸一层，将盒子搬运到工作台，流程为"抓工具→抓盒子→码放盒子→放盒子→放工具"。学生在操作中理解 IO 设置及 ToPut、FromPut、ToGet、Fromget、Reset 等指令的作用，掌握各个指令的使用方法。

[教学重点]

本任务的教学重点在于 IO 设置以及 ToGet、Fromget、Reset 等拆垛指令的作用和使用方法，以及垛板第一块的点位示教和垛板参数的设置。

[教学难点]

编写拆垛程序是教学难点。可以在教学过程中，讲解每个子程序和相关指令的同时进行示范操作，让学生跟做两遍；每完成一个子程序，另给学生自由练习和做笔记的时间。

[设备与工具]

电脑、KEBA 工业机器人控制器、KEBA 工业机器人示教器、KeMotion3 03.16a 软件。

✖ 任务实施

一、新建项目及程序

步骤	操作说明	操作图示
1	单击示教器上的主菜单按键，选择文件夹图标 ，单击项目图标	
2	在界面中单击"文件"→"新建项目"	
3	输入项目名称和程序名称，单击"√"图标确认	
4	选择新建的项目，单击"加载"； 注：一次只能加载一个项目，其他项目必须关闭	

二、编写及调试拆垛程序

1.编写抓取工具程序 PickTool
参照任务一。
2.编写放置工具程序 PutTool
参照任务一。
3.编写吸取盒子程序 PickBox
参照任务一。
4.创建码垛变量 pal0
参照任务一。
5.创建拆垛变量 pal1

步骤	操作内容	操作图示
1	单击示教器上的主菜单按键，选择 图标，单击"变量监测"图标	
2	选中项目"chaiduo"，单击"变量"，然后单击"新建"	

续表

步骤	操作内容	操作图示
3	选择"系统及技术",单击"PALLET",名称栏输入"pal1",然后单击"确认"	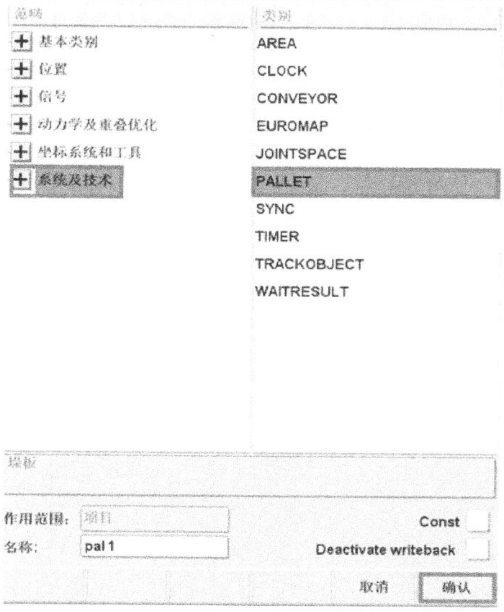
4	创建变量"pal1"完成后的界面	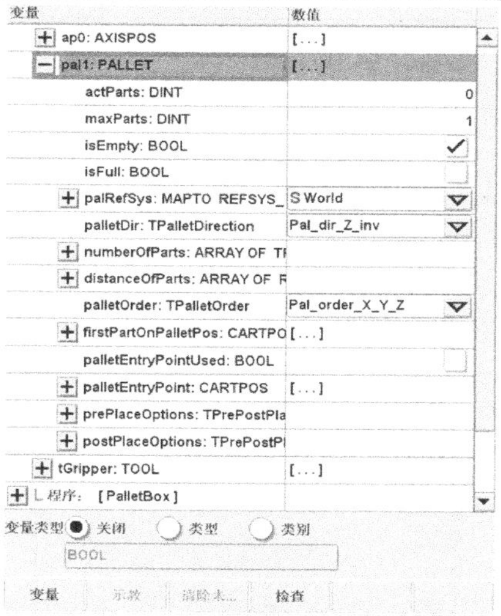
5	单击示教器上的主菜单按键,选择图标，单击"码垛",进行参数设置	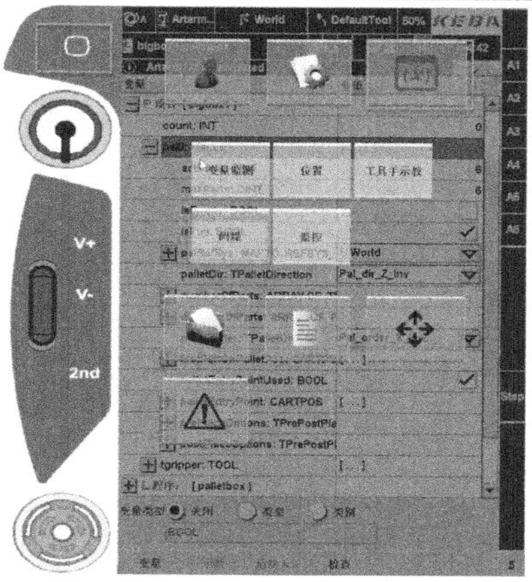

续表

步骤	操作内容	操作图示
6	选择参考坐标系，默认选择 World 坐标系，调整顺序和方向，设置完成后单击"码垛详细"	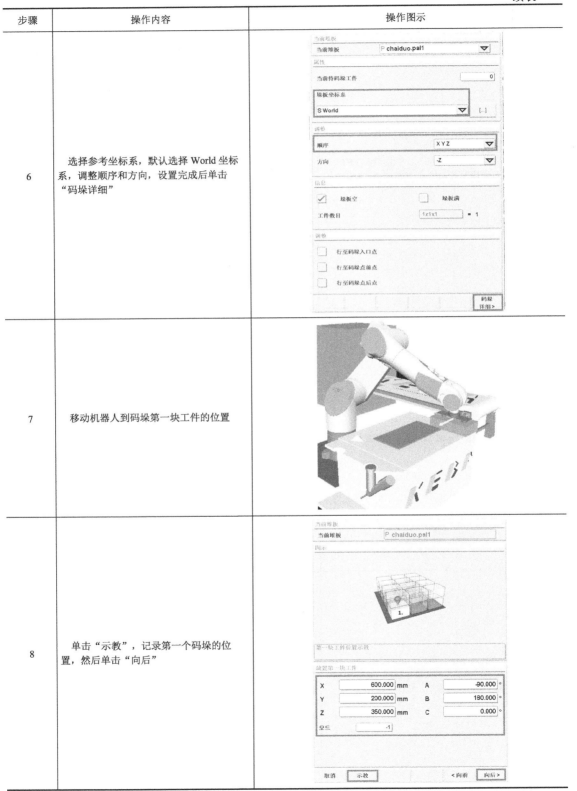
7	移动机器人到码垛第一块工件的位置	
8	单击"示教"，记录第一个码垛的位置，然后单击"向后"	

步骤	操作内容	操作图示
9	设置待码垛工件（盒子）数量和尺寸。盒子长 200mm、宽 100mm、高 55mm。为了防止因工件尺寸误差产生的碰撞和干涉，一般会在盒子的 3 个方向上设置几毫米的间距，参数设置如图所示。设置完后单击"向后"	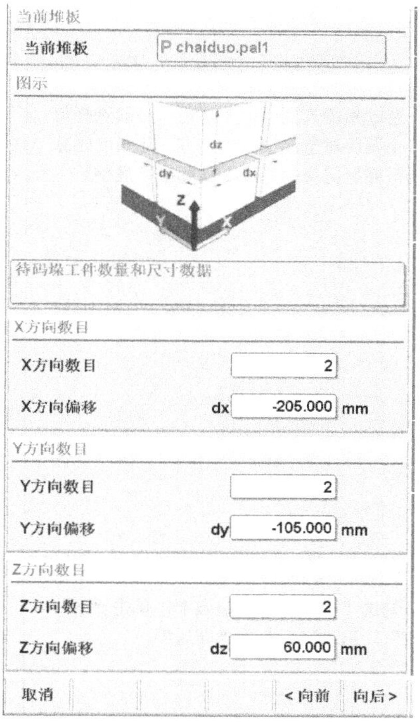
10	进行码垛点前点和后点调整，可以根据工艺要求设置，一般可以不勾选	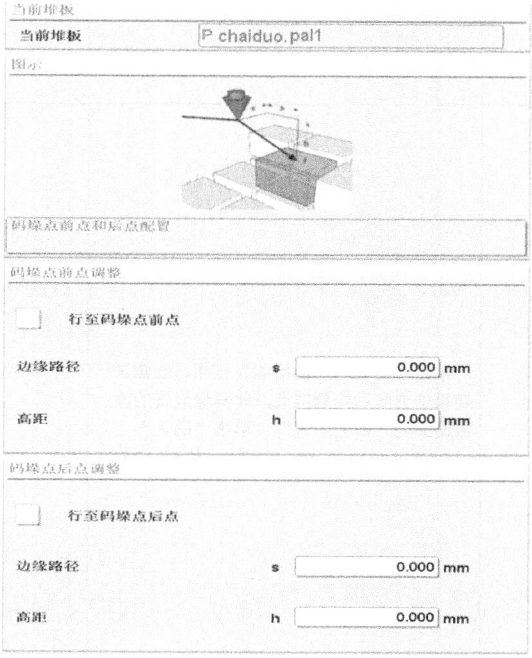

步骤	操作内容	操作图示
11	移动机器人到码垛入口点，一般选择第一个码块对角线顶点的上方，此高度要高于最高层码块的高度（高度自行调整）	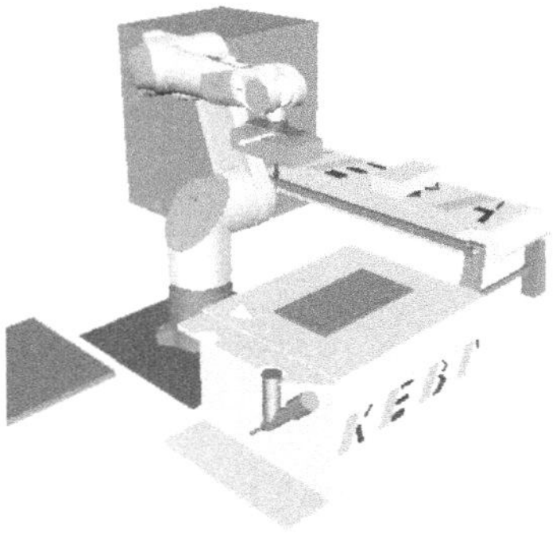
12	勾选"行至码垛入口点"，单击"示教"，示教好后单击"向后"	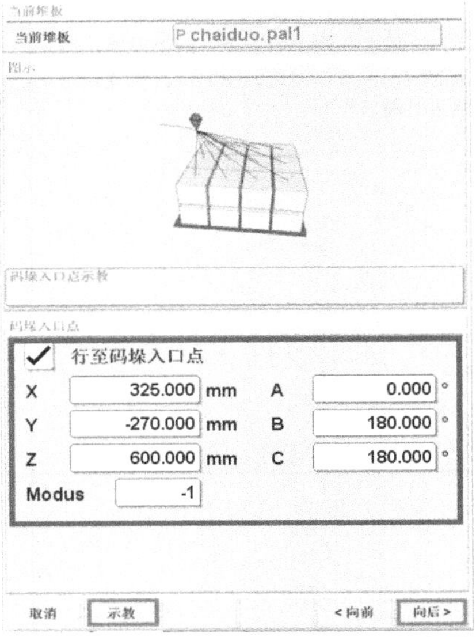
13	单击"启动可达性检测"按钮，在测试结果中会显示检测结果，此码垛设置的检测结果为"检测通过"，单击"确认"	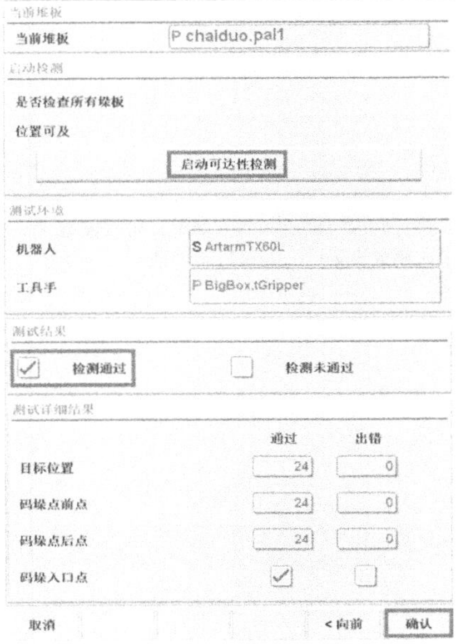

6.编写拆垛程序 PalletBox

1）创建程序文件

步骤	操作	操作图示
1	选择需要添加程序的项目，单击右下角的"文件"，单击"新建程序"	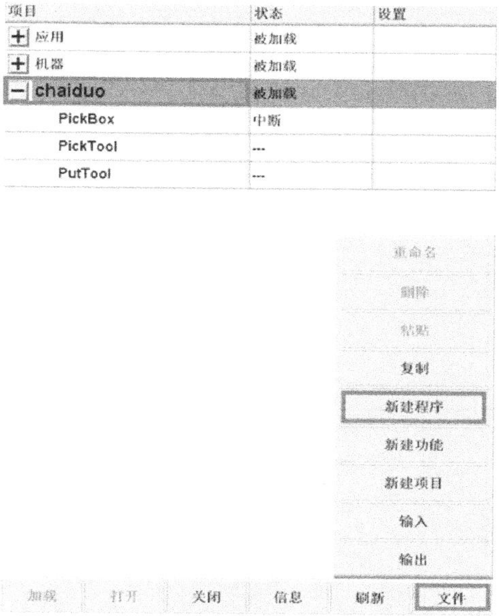 <table><tr><td>项目</td><td>状态</td><td>设置</td></tr><tr><td>➕ 应用</td><td>被加载</td><td></td></tr><tr><td>➕ 机器</td><td>被加载</td><td></td></tr><tr><td>➖ chaiduo</td><td>被加载</td><td></td></tr><tr><td>PickBox</td><td>中断</td><td></td></tr><tr><td>PickTool</td><td>---</td><td></td></tr><tr><td>PutTool</td><td>---</td><td></td></tr></table> 重命名　删除　粘贴　复制　**新建程序**　新建功能　新建项目　输入　输出 加载　打开　关闭　信息　刷新　**文件**
2	在"程序新建"对话框中输入程序名称"PalletBox"，单击"√"图标确认	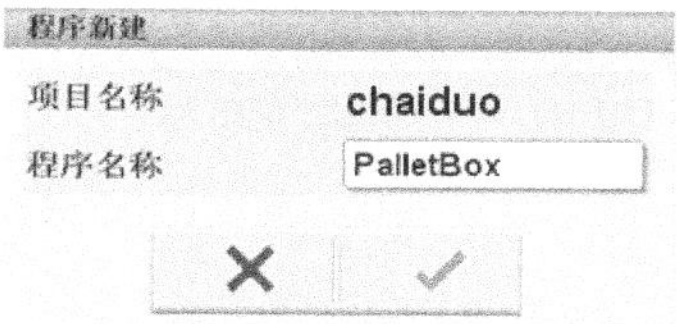 **程序新建** 项目名称　**chaiduo** 程序名称　　PalletBox ✕　　✓
3	选中"PalletBox"程序，单击"加载"	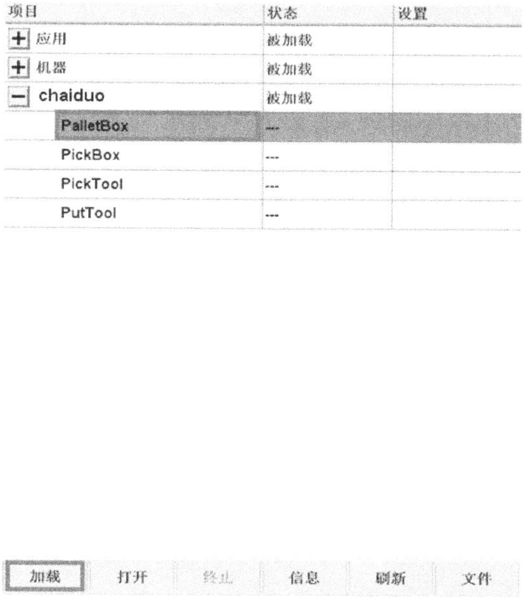 <table><tr><td>项目</td><td>状态</td><td>设置</td></tr><tr><td>➕ 应用</td><td>被加载</td><td></td></tr><tr><td>➕ 机器</td><td>被加载</td><td></td></tr><tr><td>➖ chaiduo</td><td>被加载</td><td></td></tr><tr><td>PalletBox</td><td>---</td><td></td></tr><tr><td>PickBox</td><td>---</td><td></td></tr><tr><td>PickTool</td><td>---</td><td></td></tr><tr><td>PutTool</td><td>---</td><td></td></tr></table> **加载**　打开　终止　信息　刷新　文件

2）添加程序指令

步骤	操作	说明
1	在程序编辑界面单击"新建"	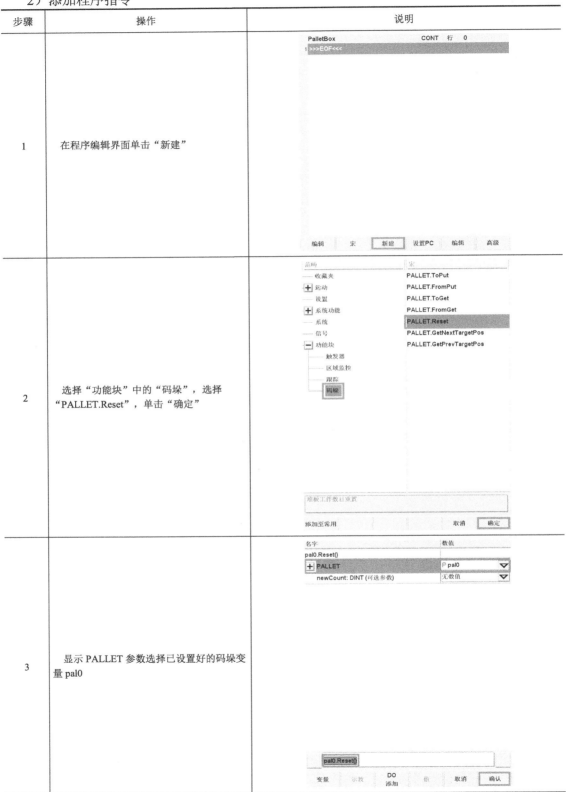
2	选择"功能块"中的"码垛"，选择"PALLET.Reset"，单击"确定"	
3	显示 PALLET 参数选择已设置好的码垛变量 pal0	

步骤	操作	说明
4	光标移动到"EOF"位置，单击"新建"添加指令	
5	单击"信号"，选择"BOOLSIGOUT.Set"指令，单击"确定"	
6	BOOLSIGOUT 参数选择 bSigOut0，signal 参数选择 IoDOut[0]，value 参数选择"FALSE"；具体操作步骤见图示	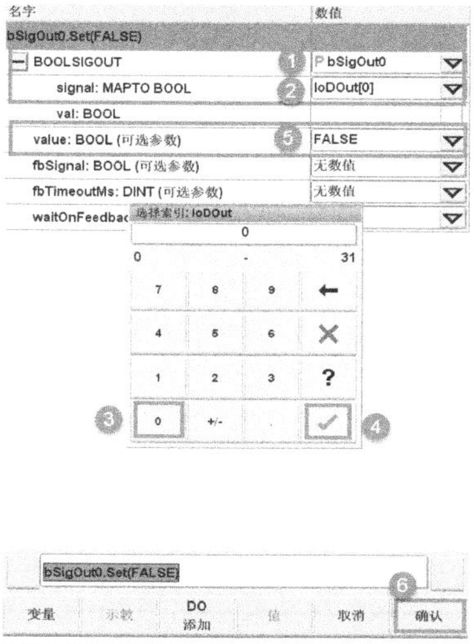

续表

步骤	操作	说明
7	参照步骤 5、6 的操作复位吸盘真空信号	PalletBox　　　　　CONT　行　2 pal0.Reset() 3 bSigOut0.Set(FALSE) 4 bSigOut1.Set(FALSE) 5 >>>EOF<<< 编辑　BOOLSI…　新建　设置PC　编辑　高级
8	在"系统"指令组中,选择"CALL"指令,单击"确定"	范畴　　　　宏 —— 收藏夹　　CALL… 运动　　　WAIT… —— 设置　　　SYNC.Sync 系统功能　IF … THEN … END_IF 系统　　　ELSIF … THEN —— 信号　　　ELSE 功能块　　WHILE … DO … END_WHILE 　　　　　LOOP … DO … END_LOOP 　　　　　RUN … 　　　　　KILL … 　　　　　RETURN 　　　　　LABEL … 　　　　　GOTO … 　　　　　IF … GOTO … 调用子程序 添加至常用　　　　　取消　确定
9	在"选择程序"对话框中选择"PickTool",单击"√"	选择程序 程序 — chaiduo 　　PickBox 　　PickTool 　　PutTool ✕　　✓

续表

步骤	操作	说明
10	在"系统"指令组中选择"WHILE … DO … END_WHILE"循环指令	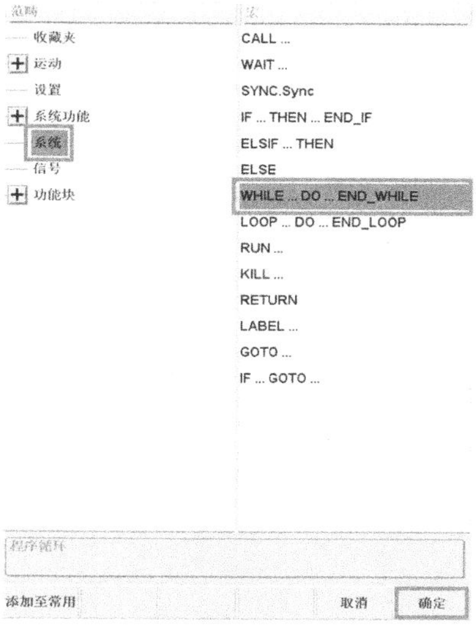
11	单击"替换",选择"变量"	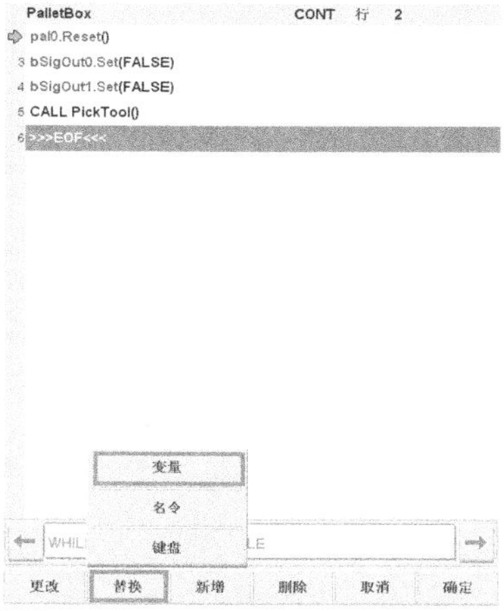
12	选择码垛变量"pal0"中的"isFull"参数,单击"确认",注意不要勾选"isFull"参数的复选框	

续表

步骤	操作	说明
13	单击"新增"，在弹出的操作符对话框中选择"NOT"，单击"确定"	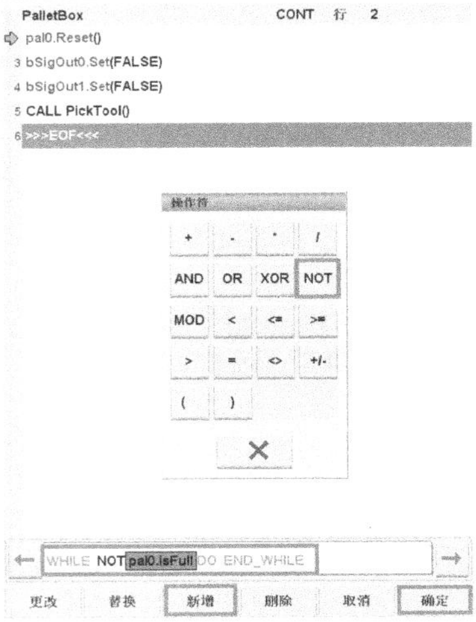
14	光标移动到"END_WHILE"指令栏，单击"新建"添加指令	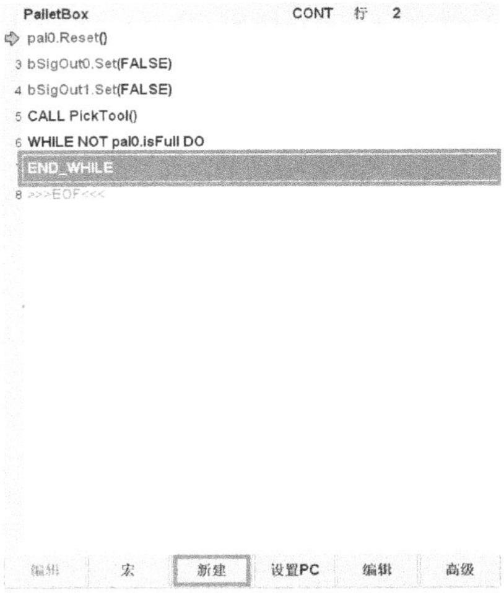
15	参照步骤8、9的操作调用子程序 PickBox	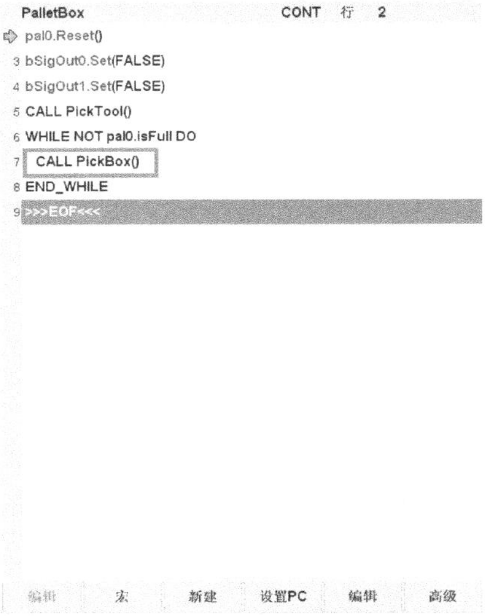

续表

步骤	操作	说明
16	添加码垛指令"PALLET.ToPut"，移动机器人到下一个空闲位置进行码垛	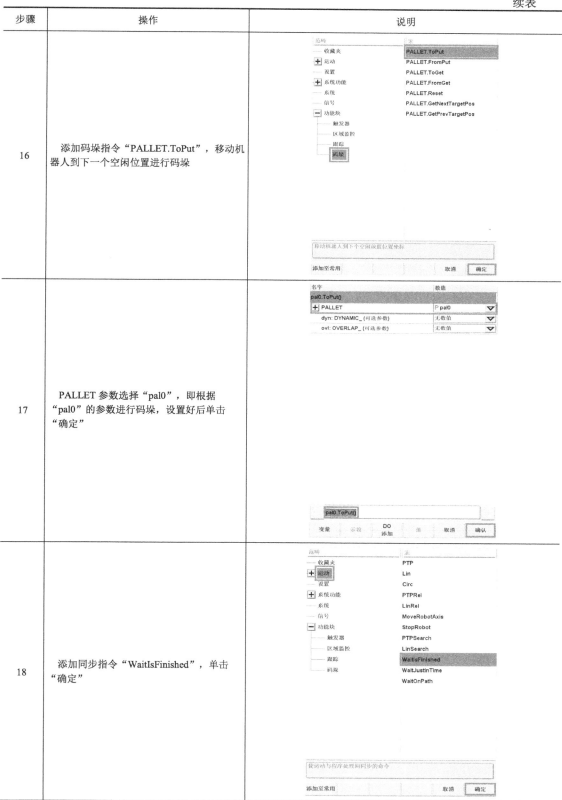
17	PALLET 参数选择"pal0"，即根据"pal0"的参数进行码垛，设置好后单击"确定"	
18	添加同步指令"WaitIsFinished"，单击"确定"	

步骤	操作	说明
19	无须设置参数，单击"确认"	
20	参照步骤5、6的操作关闭吸盘真空信号，释放盒子	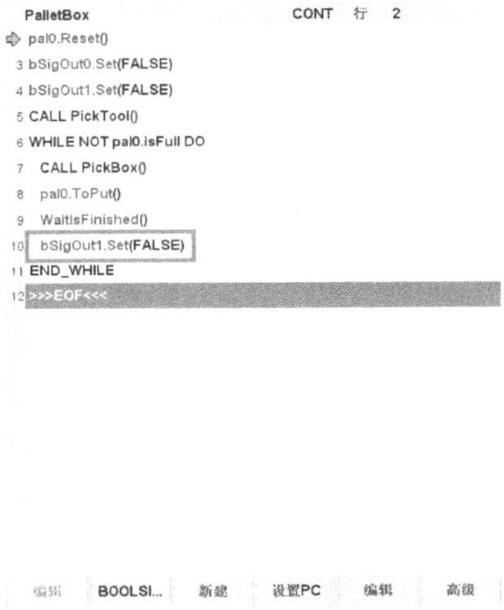
21	添加等待时间指令"WaitTime"，单击"确定"	

步骤	操作	说明
22	timeMs 参数设置为 500，即等待 0.5s，单击"确认"	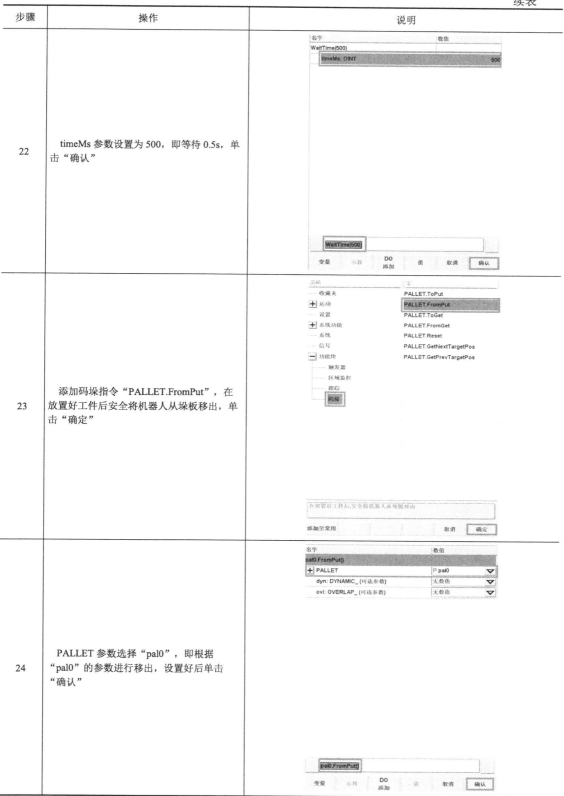
23	添加码垛指令"PALLET.FromPut"，在放置好工件后安全将机器人从垛板移出，单击"确定"	
24	PALLET 参数选择"pal0"，即根据"pal0"的参数进行移出，设置好后单击"确认"	

步骤	操作	说明
25	单击"系统功能",选"...: = ...(赋值)",单击"确定"	
26	选择 Pal1 变量下的"actParts"	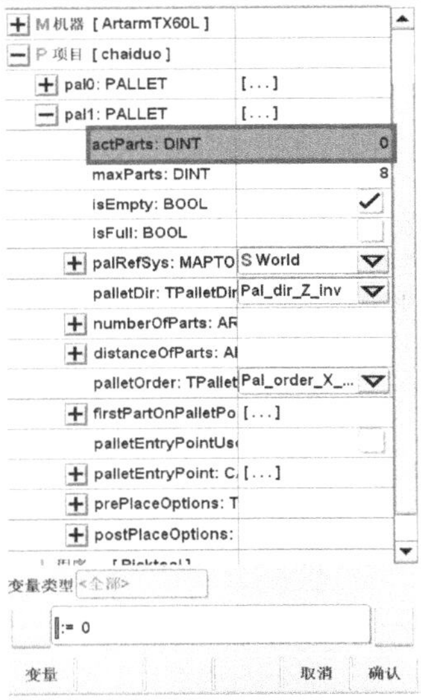
27	光标移动到"pal1.actParts:="后边,选择"更改",输入数值8,产生语句"pal1.actparts:=8"	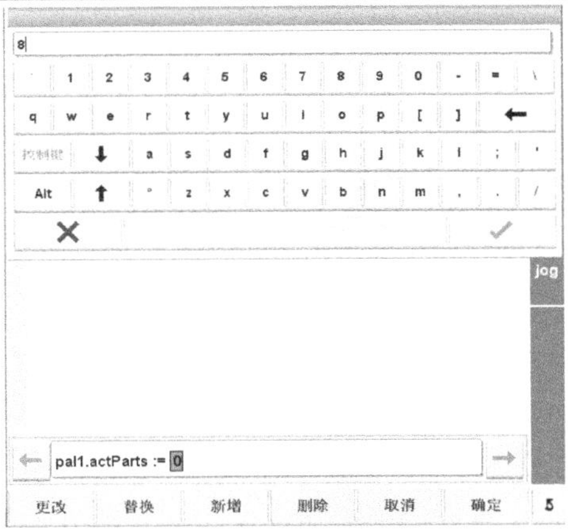

续表

步骤	操作	说明
28	选择"功能块"中的"码垛",选择"PALLET.Reset"指令,单击"确定",添加垛板工件数目重置指令	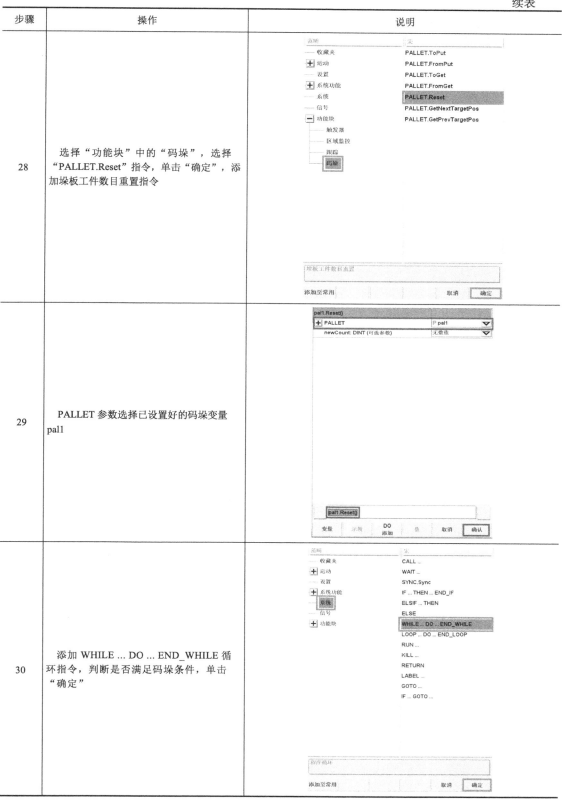
29	PALLET 参数选择已设置好的码垛变量pal1	
30	添加 WHILE … DO … END_WHILE 循环指令,判断是否满足码垛条件,单击"确定"	

步骤	操作	说明
31	生成语句如图所示	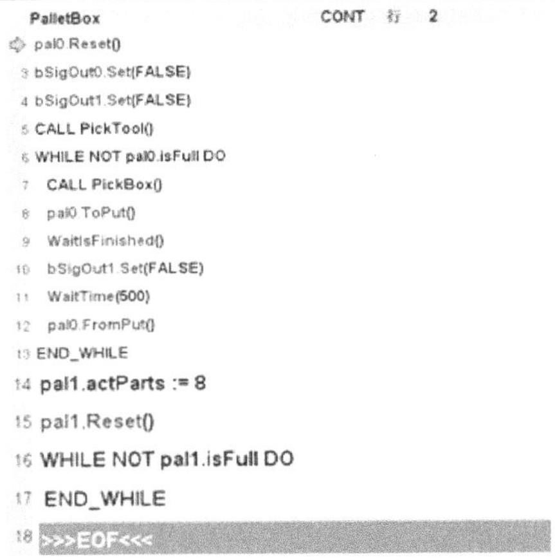 PalletBox　　　　　　CONT 行 2 ⇨ pal0.Reset() 3 bSigOut0.Set(FALSE) 4 bSigOut1.Set(FALSE) 5 CALL PickTool() 6 WHILE NOT pal0.isFull DO 7　CALL PickBox() 8　pal0.ToPut() 9　WaitIsFinished() 10　bSigOut1.Set(FALSE) 11　WaitTime(500) 12　pal0.FromPut() 13 END_WHILE 14 pal1.actParts := 8 15 pal1.Reset() 16 WHILE NOT pal1.isFull DO 17 END_WHILE 18 >>>EOF<<<
32	拆垛相关语句如图所示	 PalletBox　　　　　　CONT 行 2 ⇨ pal0.Reset() 3 bSigOut0.Set(FALSE) 4 bSigOut1.Set(FALSE) 5 CALL PickTool() 6 WHILE NOT pal0.isFull DO 7　CALL PickBox() 8　pal0.ToPut() 9　WaitIsFinished() 10　bSigOut1.Set(FALSE) 11　WaitTime(500) 12　pal0.FromPut() 13 END_WHILE 14 pal1.actParts := 8 15 pal1.Reset() 16 WHILE NOT pal1.isFull DO 17　pal0.ToGet() 18　WaitIsFinished() 19　bSigOut1.Set(TRUE) 20　WaitTime(1000) 21　pal0.FromGet() 22　pal1.ToPut() 23　WaitIsFinished() 24　bSigOut1.Set(FALSE) 25　WaitTime(500) 26　pal1.FromPut() 27 END_WHILE 28 >>>EOF<<< 编辑　PALLET...　新建　设置PC　编辑　高级
33	光标移动到"EOF"栏，单击"PutTool"，调用放置工具子程序 PutTool	 选择程序 程序 ⊟ chaiduo 　PickBox 　PickTool 　PutTool ✕　✓

续表

步骤	操作	说明
34	码垛拆垛的完整程序如图所示	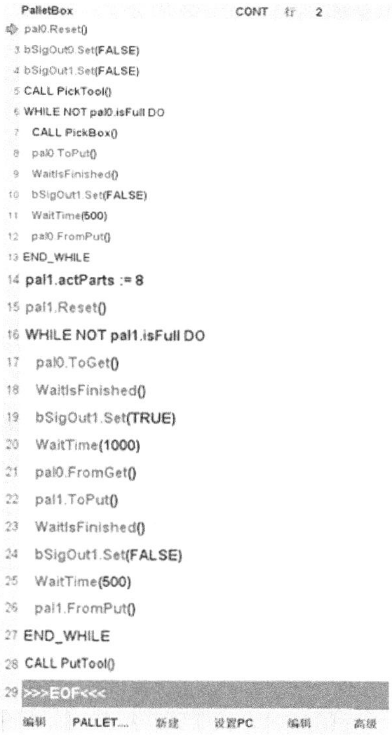 PalletBox ... CONT 行 2 1 pal0.Reset() 3 bSigOut0.Set(FALSE) 4 bSigOut1.Set(FALSE) 5 CALL PickTool() 6 WHILE NOT pal0.isFull DO 7 CALL PickBox() 8 pal0.ToPut() 9 WaitIsFinished() 10 bSigOut1.Set(FALSE) 11 WaitTime(500) 12 pal0.FromPut() 13 END_WHILE 14 pal1.actParts := 8 15 pal1.Reset() 16 WHILE NOT pal1.isFull DO 17 pal0.ToGet() 18 WaitIsFinished() 19 bSigOut1.Set(TRUE) 20 WaitTime(1000) 21 pal0.FromGet() 22 pal1.ToPut() 23 WaitIsFinished() 24 bSigOut1.Set(FALSE) 25 WaitTime(500) 26 pal1.FromPut() 27 END_WHILE 28 CALL PutTool() 29 >>>EOF<<< 编辑　PALLET...　新建　设置PC　编辑　高级

任务考核和评价

知识考核

一、选择题

1. WHILE 指令在满足循环控制条件的时候（　　）执行子语句。

　　A. 跳转　　B. 判断　　C. 循环　　D. 等待

2. 信号指令组中的指令"BOOLSIGOUT.Set"的含义是（　　）。

　　A. 把数字输出信号设为给定值

　　B. 给数字输出信号一个指定时长的脉冲

　　C. 连接数字信号和状态变量

　　D. 等待直到信号值大于给定值

二、判断题

1. CALL 指令只能调用同一个项目下的程序。（　　）

2. WaitTime 用于设置机器人等待时间，时间单位为 s。（　　）

知识评价

见表 4.2.1。

表 4.2.1 知识评价

序号	评价标准	自评 20%	互评 20%	教师评 60%
1	选择题，每题 30 分，共 60 分			
2	判断题，每题 20 分，共 40 分			

技能考核

已知真空吸盘工具的高度为 30mm，传送带上的盒子长 200mm、宽 100mm、高 55mm。

1. 创建项目 Pallet9 和主程序 main9（其他子程序名称自定义）。

2. 根据已知的真空吸盘工具高度创建工具坐标系 tool9。

3. 以托盘上表面上的任意端点为原点创建参考坐标系 RefWorks9，所创建的参考坐标系与世界坐标系方向一致。

4. 码垛的第一个目标点的位置以参考坐标系 RefWorks9 为参考，坐标为（50，50，0）。

5. 根据已知的盒子尺寸设置码垛向导，并用简单码垛指令编程，使盒子在托盘上呈 2 行、2 列、2 层码垛，盒子必须码在托盘上，行与行的间距为 10mm，列与列的间距为 10mm。

6. 程序调试运行无误后，把项目输出存放在 D 盘。

技能评价

见表 4.2.2。

表 4.2.2 技能评价

序号	评价标准	分值	得分
1	会创建项目和程序名称	2	
2	会设置工具坐标系参数	5	
3	会设置参考坐标系参数	10	
4	完成码垛向导各步骤	13	
5	会编写抓取真空吸盘工具流程，指令使用正确，位置和姿态示教正确	10	
6	会从传送带吸取盒子，指令使用正确，位置示教正确	13	
7	能完成使盒子码到托盘的流程	15	
8	能完成盒子从托盘拆放到工作台的流程	10	
9	能完成放置真空吸盘工具流程，指令使用正确，位置和姿态示教正确	10	
10	项目输出操作和保存正确	2	
11	完整实现功能，程序结构清晰，各功能模块完整，程序指令简洁无冗余	10	

🌱 任务拓展

已知真空吸盘工具的高度为 30mm，传送带上的盒子长 200mm、宽 100mm、高 55mm。

1. 创建项目 Pallet1 和主程序 main（其他子程序名称自定义）。

2. 根据已知的真空吸盘工具高度创建工具坐标系 tVacuum。

3. 以托盘上表面上的任意端点为原点创建参考坐标系 Works，所创建的参考坐标系与世界坐标系方向一致。

4. 以工具坐标系 tVacuum 和参考坐标系 Works 为参照，用码垛指令编程，使盒子在托盘上以 2 行、2 列、2 层堆堆，要求行与行、列与列的间距为 10mm。

5. 用码垛指令编程，拆掉该堆堆上层的 4 个盒子，并摆放出如图 4.2.1 中虚线框住的 4 个盒子的摆放形状，位置不限。相邻 2 个盒子间距 10mm，且同侧端面相距 50mm，程序需要用到 LinRel 指令。

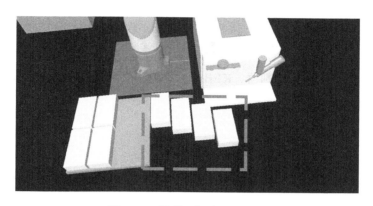

图 4.2.1　简单码垛柴垛效果图

6. 程序调试运行无误后，把项目输出存放在 D 盘。

任务三　编写及调试机器人综合应用程序

学习目标

① 培养学生的探索精神；
② 掌握赋值指令、循环指令的应用；
③ 掌握新建数值变量的方法；
④ 编写码垛、拆垛编程的流程图；
⑤ 能熟练建立参考坐标系；
⑥ 会综合运用码垛、拆垛相关指令；
⑦ 掌握拆垛程序的编写及程序调试。

任务描述

[教学设计]

首先使机器人在传送带上抓取盒子，在托盘上进行 2 行 2 列码垛，然后拆垛，将盒子放到托盘旁边，堆成阶梯状。具体操作程序为“抓工具→抓盒子→码放盒子→拆放盒子→放工具”。把知识点和技能训练融入任务实施中；学生在操作中理解 IO 设置、参考坐标系设定、编程指令，掌握设置和使用方法。

[教学重点]

参考坐标系设定、相关参数的设定、变量的设定以及码垛拆垛指令的综合应用，要求学生反复练习。

[教学难点]

编写程序实现流程“变量设置→参考坐标系设置→垛板设置→抓工具→抓盒子→码放盒子→拆放盒子→放工具”。

[设备与工具]

电脑、KEBA 工业机器人控制器、KEBA 工业机器人示教器、KeMotion3 03.16a 软件。

任务实施

一、新建项目及程序

步骤	操作说明	操作图示
1	单击示教器上的主菜单按键，选择文件夹图标 ，单击项目图标 	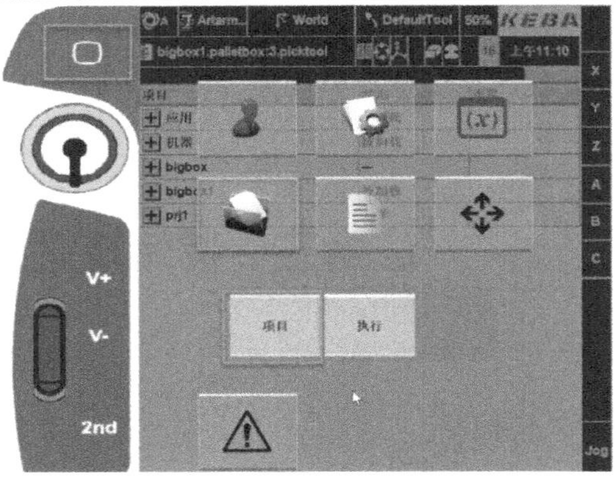
2	在界面中单击“文件”→“新建项目”，新建一个项目	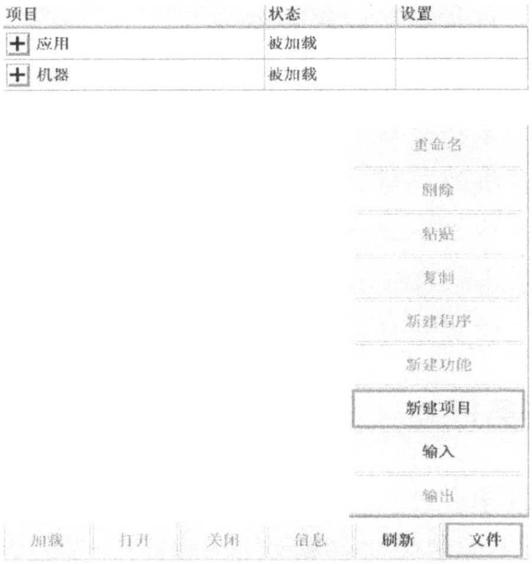

二、创建参考坐标系

步骤	操作说明	操作图示
1	在项目下新建变量：单击"变量"→"新建"	
2	选中"坐标系统和工具"，单击"CARTREFSYS"，创建参考坐标系 crs0	
3	单击示教器上的主菜单按键，选择图标，单击"对象坐标系"图标	

步骤	操作说明	操作图示
4	在对象坐标系界面选择 zonghecx.crs0，然后单击"设置"	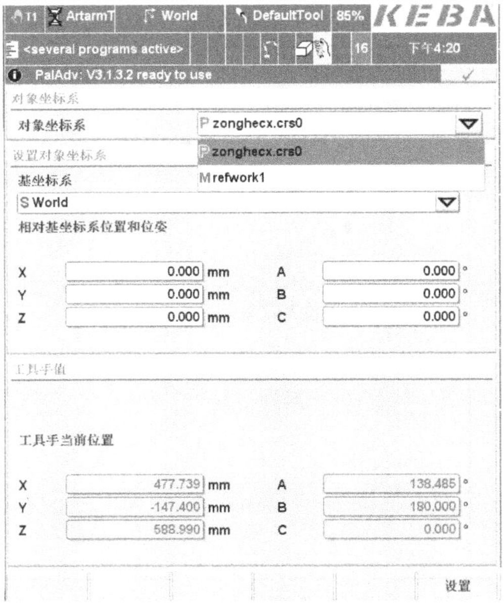
5	在示教法一栏中选择 3 点法，单击"向后"	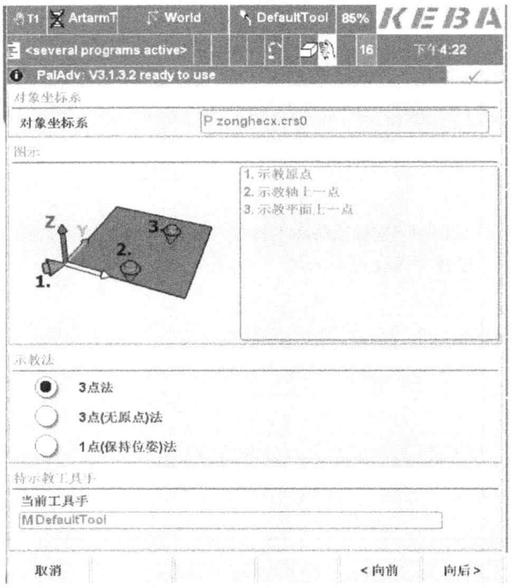
6	示教参考坐标系第 1 点，即原点	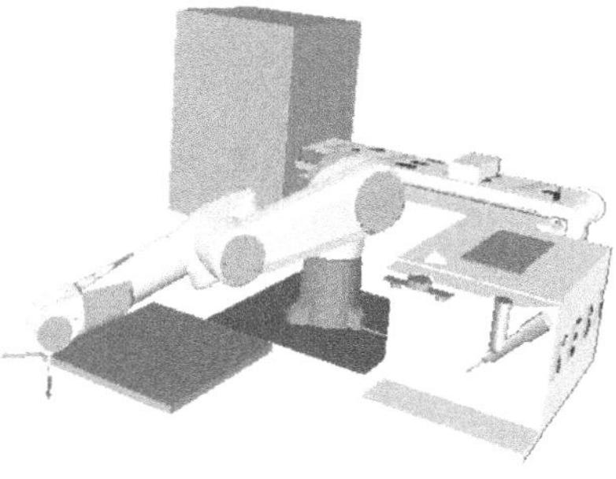

续表

步骤	操作说明	操作图示
7	根据提示要求分别示教参考坐标系第 2 点、第 3 点，得到参考坐标系位置和位姿。然后单击"确定"，参考坐标系创建完成	
8	回到变量界面，查看参考坐标系的位置和位姿	

三、编写控制程序

1）创建项目、程序和相关变量

步骤	操作说明	操作图示
1	在 zonghecx 项目下新建 baijieti 程序	 机器 / jd2002 / jd20021 / xm / xm1 / xm2 / zonghecx / PickBox / PickTool / **baijieti** / chaiduo / maduo / putTool
2	在 zonghecx 项目下新建 INT 型变量，把名称改为 count，点击"确认"	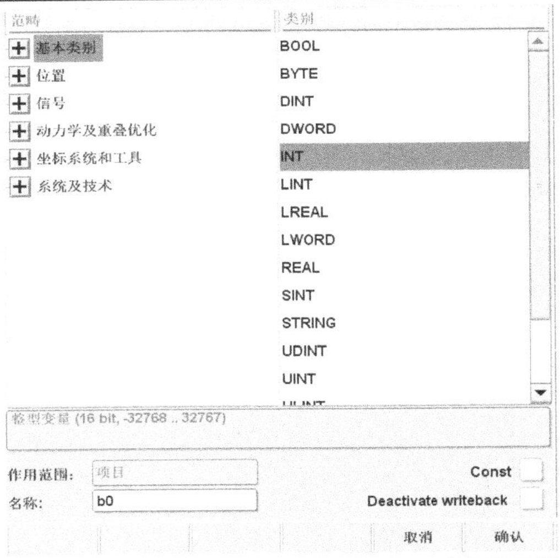 范畴：基本类别/位置/信号/动力学及重叠优化/坐标系统和工具/系统及技术 类别：BOOL/BYTE/DINT/DWORD/INT/LINT/LREAL/LWORD/REAL/SINT/STRING/UDINT/UINT 整型变量 (16 bit, -32768 .. 32767) 作用范围：项目 名称：b0 Const Deactivate writeback 取消 确认

2）添加程序指令

序号	添加指令	说明
1	RefSys（crs0）	设置机器人坐标系为参考坐标系
2	Tool（vacuum）	设置机器人工具为吸盘
3	Lin（cp6）	机器人到达阶梯第一块板位置正上方
4	WaitTime（500）	机器人等待 500 毫秒
5	WaitIsFinished（）	等待机器人到位
6	IF count=1 THEN LinRel（cd0）	如果是第 1 块板，把它放到"cd0"
7	ELSIF count=2 THEN LinRel（cd1）	如果是第 2 块板，把它放到"cd1"
8	ELSIF count=3 THEN LinRel（cd2）	如果是第 3 块板，把它放到"cd2"
9	ELSIF count=4 THEN LinRel（cd3）	如果是第 4 块板，把它放到"cd3"
10	END_IF	结束循环
11	WaitIsFinished（）	等待机器人到位
12	WaitTime（200）	机器人等待 200 毫秒

续表

序号	添加指令	说明
13	bSigOut1.Set（FALSE）	关闭抓取盒子信号
14	WaitTime（500）	机器人等待 500 毫秒
15	Lin（cp6）	机器人回到阶梯第一块板位置正上方
16	完整的 baijieti 程序	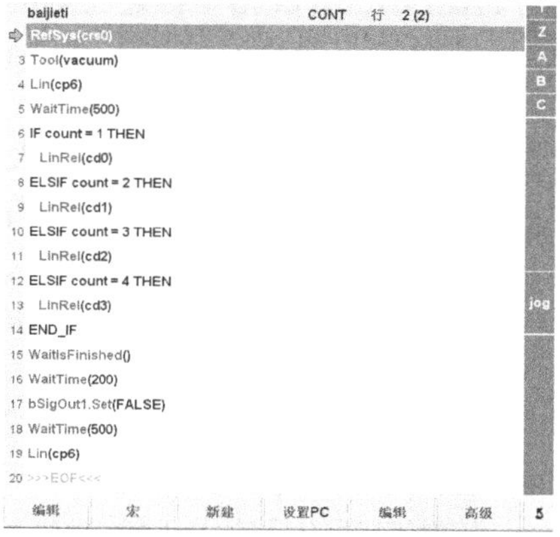

3）主程序编写

序号	示教点	效果图
1	在 zonghecx 项目下新建主程序 main	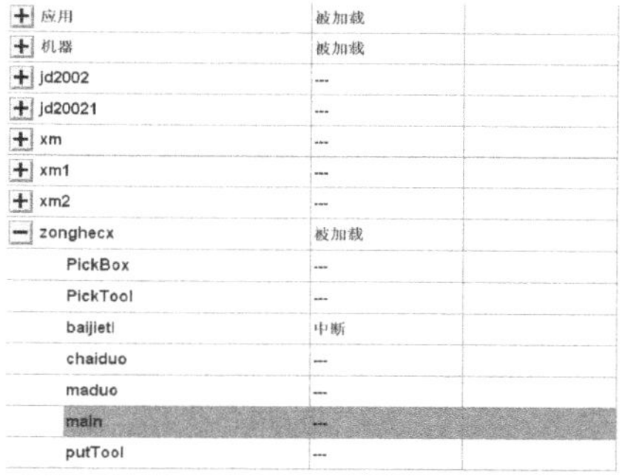
2	编写完整的主程序 main	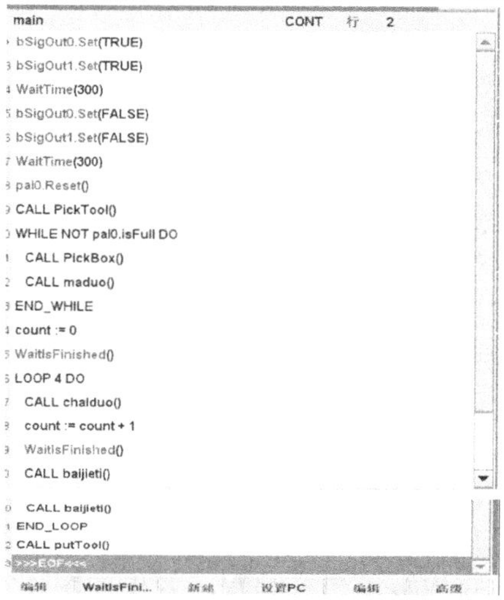

任务考核和评价

知识考核

一、选择题

1. 对 PALLET.ToPut 指令描述正确的是（　　）。

    A. 指令的功能是使机器人移动到下一个要放置的空位，轨迹依照码垛配置的位置运行

    B. 指令的功能是安全地使机器人从码垛上移开，轨迹依照码垛配置的位置运行

    C. 指令的功能是使机器人移到当前拾取位置，轨迹依照码垛配置的位置运行

    D. 指令的功能是安全地使机器人从拾取位置移开，轨迹依照码垛配置的位置运行

2. 信号指令组中的指令"BOOLSIGOUT.Set"的含义是（　　）。

    A. 把数字输出信号设为给定值

    B. 给数字输出信号一个指定时长的脉冲

    C. 链接数字信号和状态变量

    D. 等待直到信号值大于给定值

二、判断题

1. value 是 BOOLSIGOUT.Set 指令的数字量输出信号设定值（默认为 TRUE）。（　　）

2. CALL 指令只能调用同一个项目下的程序。（　　）

知识评价

见表 4.3.1。

表 4.3.1　知识评价

序号	评价标准	自评 20%	互评 20%	教师评 60%
1	选择题，每题 30 分，共 60 分			
2	判断题，每题 20 分，共 40 分			

技能考核

已知真空吸盘工具的高度为 30mm，传送带上的盒子长 200mm、宽 100mm、高 55mm。请操作示教器，编写综合实例程序，完成下列任务：

1. 创建项目 Pallet10 和主程序 main10（其他子程序名称自定义）；

2. 根据已知的真空吸盘工具高度创建工具坐标系 tool10；

3. 以托盘上表面上的任意端点为原点创建参考坐标系 RefWorks10，坐标轴方向与世界坐标系一致；

4. 码垛第一个目标点的位置以参考坐标系 RefWorks10 为参考，在 X、Y、Z 方向上的距离分别为 50，50，0；

5. 根据已知盒子尺寸设置码垛向导，并用简单码垛指令编程，使盒子在托盘上按 2 行、2 列、2 层码垛，盒子必须码在托盘上，要求行与行的间距为 15mm，列与列的间距为 10mm；

6. 完成拆垛指令编程，效果如图 4.3.1 所示；

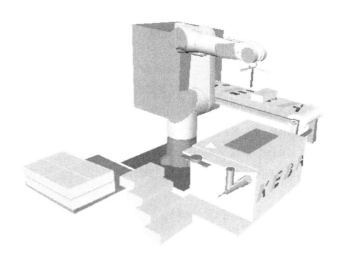

图 4.3.1　效果图

7. 程序调试运行无误后，把项目输出存放在 D 盘。

技能评价

见表 4.3.2。

表 4.3.2　技能评价

序号	评价标准	分值	得分
1	会创建项目和程序名称	2	
2	会进行工具坐标系参数设置	5	
3	会进行参考坐标系参数设置	10	
4	会设置码垛向导	13	
5	会编写抓取真空吸盘工具流程，指令使用正确，位置和姿态示教正确	10	
6	会从传送带吸取盒子，指令使用正确，位置示教正确	13	
7	能完成将盒子码到托盘的流程	15	
8	能完成盒子从托盘拆放到指定位置的流程	10	
9	能完成放置真空吸盘工具流程，指令使用正确，位置和姿态示教正确	10	
10	项目输出操作和保存正确	2	
11	在实现功能的基础上，程序结构清晰，各功能模块完整，程序指令简洁无冗余	10	

🌱 任务拓展

已知真空吸盘工具的高度为 30mm，传送带上的盒子长 200mm、宽 100mm、高 55mm。编写机器人涂胶码垛程序，使机器人用吸盘工具从传送带吸取盒子，将其放到工作台，然后将吸盘工具更换为胶枪工具，在盒子上涂胶。涂完胶之后，换吸盘工具吸取第二个盒子放到第一个盒子上方，等待 5s 进行粘合。最后把粘合好的盒子码放在托盘上。

参考文献

[1] 谭志彬. 工业机器人操作与运维教程[M]. 北京：电子工业出版社，2019.

[2] 巫云，蔡亮，许妍妩. 工业机器人维护与维修[M]. 北京：高等教育出版社，2018.

[3] 叶晖. 工业机器人实操与应用技巧[M]. 北京：机械工业出版社，2017.

[4] 杨晓钧，李兵. 工业机器人技术[M]. 哈尔滨：哈尔滨工业大学出版社，2015.

[5] 王保军，滕少峰. 工业机器人基础[M]. 武汉：华中科技大学出版社，2015.

[6] 胡伟. 工业机器人行业应用实训教程[M]. 北京：机械工业出版社，2015.